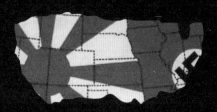

CAP

Angel

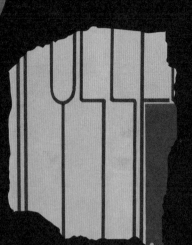

ASH

, erotic nove

GRIPPING,
NEW YORK TIMES

MA

SHOGUN

NOVEL OF JAPAN

he Mea
of Beau

Eric Newton

ulic

mortal

adame

UNREAD

itness

如何设计

4

一本书？

护封、封面，与文学
边缘的艺术

[美] 彼得·门德尔桑德　大卫·J.奥尔沃思　著

万洁　译

上海文化出版社

The Look

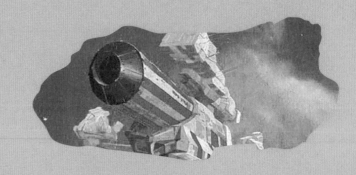

se-pounding thriller with echoes of
—*Publishers Weekly*

of the

Book

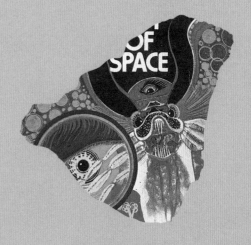

OF
SPACE

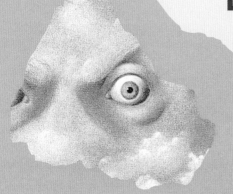

Jackets,
Covers & Art
at the Edges of
Literature

R. P.
AND AUG
STORIES OF A MASTER
THE SUR
AND OTH

ONRAK

Peter
Mendelsund

David J.
Alworth

Bl
Tru

未 A DR | 艺术家

other
play

JEAN-PAUL SA

前言

边缘处的相遇

Portnoy's Complaint
Philip Roth

书的封面……

为了引起注意……

A Fawcett Crest Book

P1313
$1.25

3 Months on The New York Times
bestseller list

The Tin Drum

Günter Grass

"One of the greatest literary
adventures of our time"

READ

You Shall Know Them

A novel by VERCORS

The extraordinary story of a man who deliberately
committed murder (but was it murder?) to test a
question that touches every human being.

THIS

无所不为。

它们
卖弄风情……

Goodbye, Columbus

and 5 short stories

by Philip Roth

Meridian Fiction M.F.5 $1.45 / Canada $1.60

身姿摇曳，

挤眉弄眼，

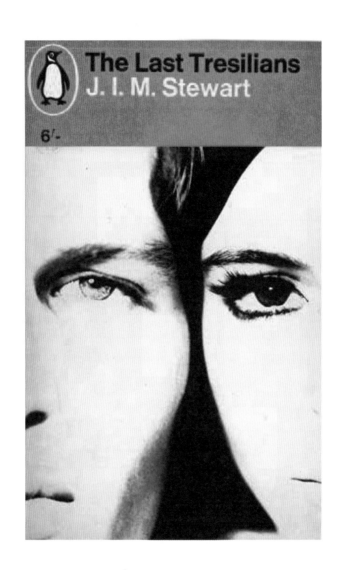

The Last Tresilians

J. I. M. Stewart

6'-

与你对视，

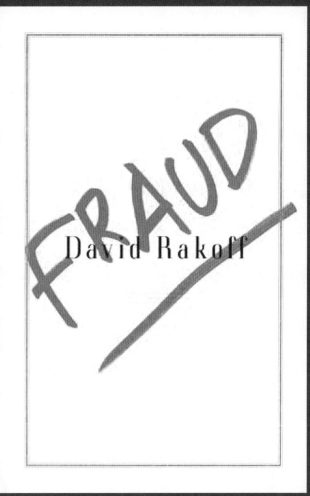

FRAUD

David Rakoff

发出呐喊，

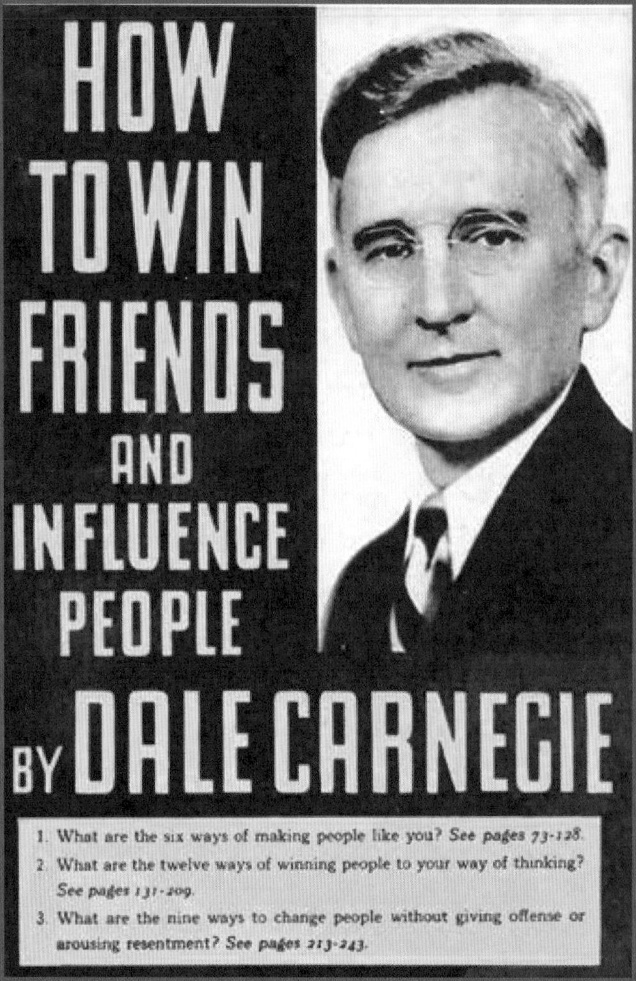

HOW TO WIN FRIENDS AND INFLUENCE PEOPLE

BY DALE CARNEGIE

1. What are the six ways of making people like you? See pages 73-128.
2. What are the twelve ways of winning people to your way of thinking? See pages 131-209.
3. What are the nine ways to change people without giving offense or arousing resentment? See pages 213-243.

许下诺言，

或者打破第四面墙。

它们或令人恐惧，

sex
kitten

35¢

by
Richard E.
Geis

Her most exciting sales were rung up *after* store hours!

COMPLETE UNABRIDGED

或晦涩难解，

或清晰简洁，

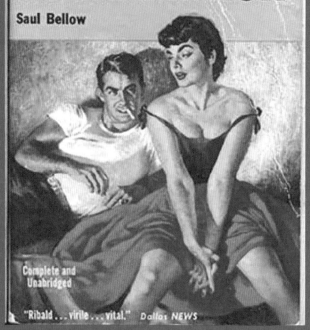

或刻画人物，

Penguin Modern Classics

Virginia Woolf
Mrs Dalloway

或模糊人物，

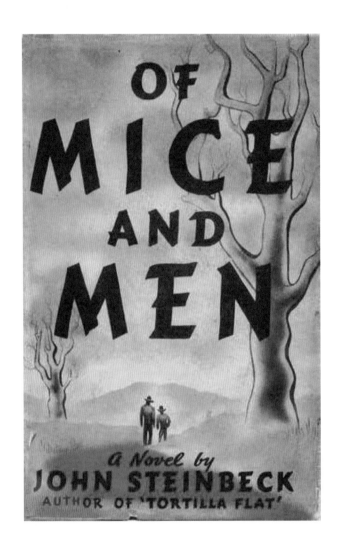

或设定故事背景，

或渲染情绪氛围，

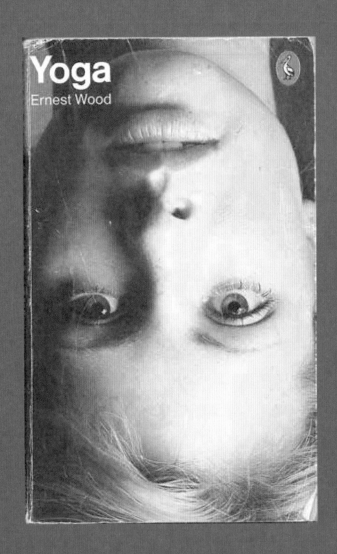

Yoga

Ernest Wood

或改变你的视角，

"Fascinating and disturbing, amusing and informative, Faster is an eclectic stew combining history, academic research, and anecdotes drawn from the popular media." —The Boston Globe

FSTR

FASTER THE ACCELERATION
OF JUST ABOUT EVERYTHING

JMS

JAMES GLEICK author of GENIUS

GLCK

或节省你的时间。

它们五彩斑斓，

或恰恰相反。

它们可能会振动，

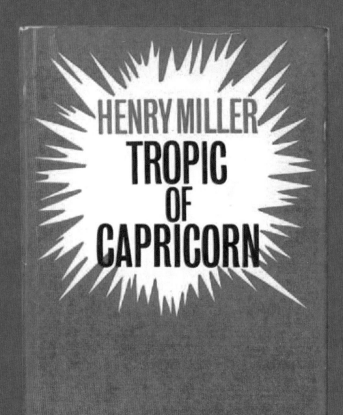

也可能爆炸。

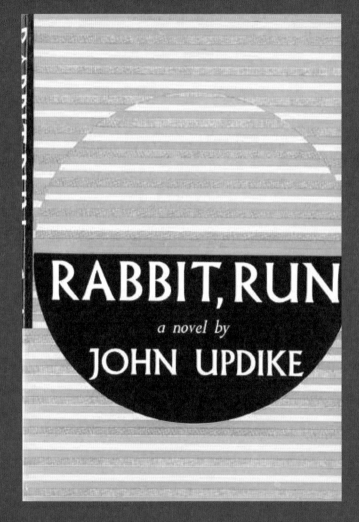

它们可能用作装饰，

也可能充满挑战。

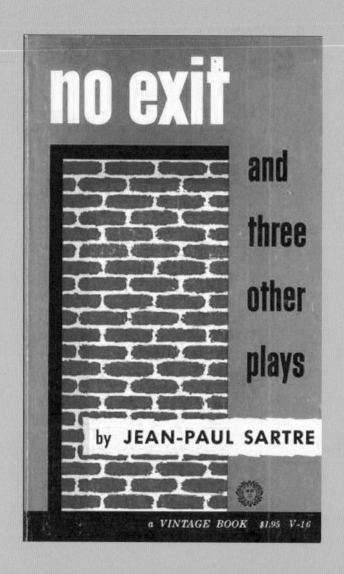

no exit

and three other plays

by JEAN-PAUL SARTRE

a VINTAGE BOOK $1.95 V-16

它们可能表达字面意思，

也可能十分抽象，

DANIELLE STEEL

ZOYA

或商业化，

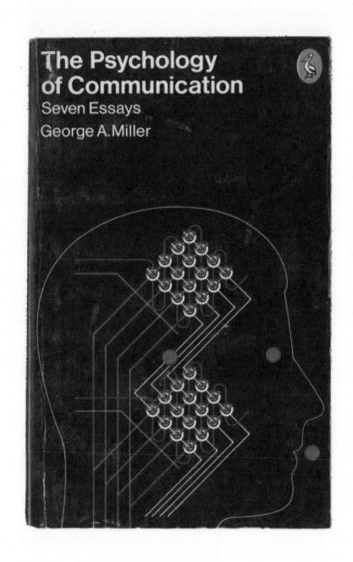

或学术性，

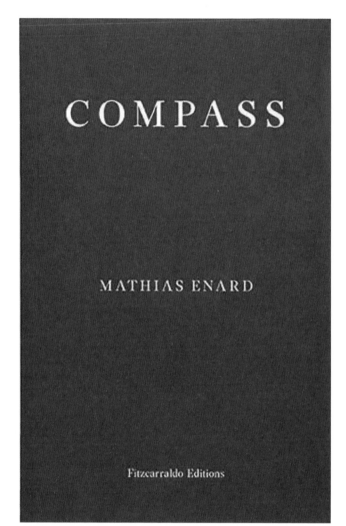

也许没什么特点，

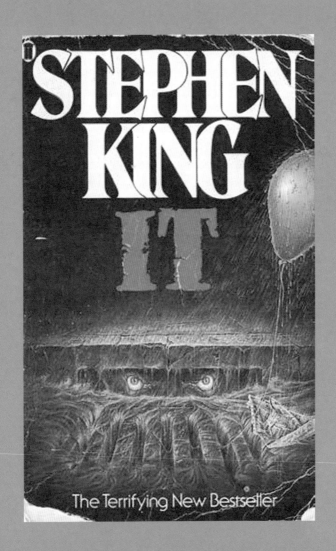

也许风格鲜明。

The Captive Mind
Czeslaw Milosz

A Vintage Book originally published by Alfred A. Knopf, Inc. 95ᶜ K19 In Canada $1

它们也许故意让人摸不着头脑，

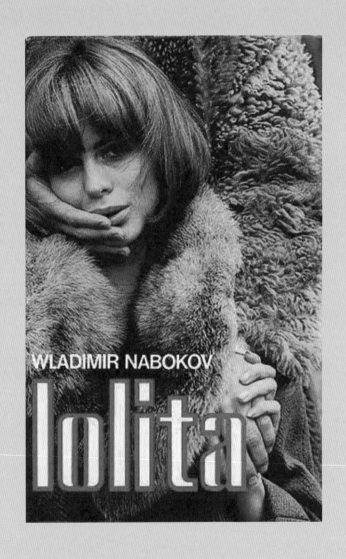

WLADIMIR NABOKOV

lolita

也许无意间造成困惑。

有的为书量身定做，

PENGUIN
BOOKS

THE BODLEY HEAD

A FAREWELL
TO ARMS

ERNEST
HEMINGWAY

THE BODLEY HEAD

COMPLETE   UNABRIDGED

有的套用样板。

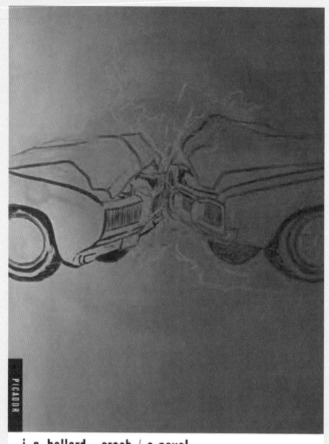

j. g. ballard · crash / a novel

有的透露了书中内容，

Story of O
Pauline Réage

有的基本什么都没说。

作为读者和
消费者，
我们熟知的
乐趣和陷阱
就是——

以貌取书。

　　这么做不应该，但我们还是这么做了。书的封面是其文本的外部形象，是读者对文本极为重要的第一印象，但它也有附属性，可以被轻易取代。同一文本可以使用多种不同封面，而不失去其本身的特性。

　　关于这些矛盾，我们越思考就越觉得有趣。最后，我们把书籍封面视为一种特定的传播媒介、图形表达、设计，甚至可能是艺术。确实没有哪种媒介可以像它一样，不过，书封正在被数字革命改变，在这一点上，它和21世纪的其他媒介没什么两样。近些年来，谈到书封，指的就是实体书：精装书（带或不带护封的）或平装书。在电子书和有声书的时代，作为数字图像存在的书封可以脱离它们所覆盖的文本而存在。如今，在能购买新书之前，我们会先看到书封以宣传形象的形式出现。书封作为视觉设计必须完成一项几乎不可能的任务：它们高为3.81厘米时要与高为22.86厘米时产生的效果一致，前者是亚马逊网上书封缩略图的尺寸，后者则是实体书店橱窗中展示的书封尺寸。正是因为这个和其他原因，书的外观现在比以往任何时候都重要得多。

哪一本是你的《包法利夫人》（*Madame Bovary*）？

WDL
BOOKS

GUSTAVE FLAUBERT'S

Immortal

Madame
Bovary

**A BRILLIANT AND
CYNICAL STORY OF THE
WOMAN WHO FLOUTED THE
MORAL LAWS OF HER DAY**

3/6

*COMPLETE AND
UNABRIDGED*

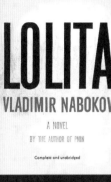

图书封面是文本与背景相遇的一个具体例子。

哪一本又是你的《洛丽塔》（*Lolita*）？

21世纪，图书封面有着怎样的地位？在接下来的内容中，我们会从多个角度探讨这个问题，不过重点在于文学小说的图书设计，"文学边缘的艺术"就是这个意思。我们尤其感兴趣的是文学文本对视觉设计的激发，也就是通过封面设计，文本如何在另一种媒介中创造新的标志、图像、人物和构图。

要将原稿转化为一本真正的书，就是要通过一系列流程创造出看得见、摸得着的东西。这个流程会涉及许多人，而他们都在努力解决的问题就是如何呈现一本新书。读者以貌取书不是问题，问题是怎样用封面将一本书推向读者。图书封面是文本与背景相遇的一个具体例子，它就像文学与视觉文化、商业、政治、法律甚至历史相交织的一个结点。审视书封可以让我们一瞥作者个体视角与当代（或者说多个时代，如果同一文本在每次新版面世时换上新的封面）社会、文化和历史环境的联系。

此外，每本书的封面都是对其文本的一种诠释。书封代表设计师（或者设计团队）对书稿的理解；再有，它不仅是设计者阅读书稿后对文本的回应，也是对这个世界的压力的回应。比如，它要完成把书卖出去的首要任务，要取悦老板，也要让作者满意，还要避免落入俗套，设计要足够醒目。这是否意味着书封只是一种营销工具呢？我们认为不是。我们甚至认为可以站在艺术的高度探讨书封。不过，这样说就需要我们设计师做出一些解释了，因为人们总觉得无论如何艺术都不会以商业为目的。而书封其实是一种广告，这是不争的事实。图书封面就像一袋薯片或者一段电视广告片，它明显肩负着的任务就是卖商品，只不过就文学而言，商品本身也是艺术品。

本书是文学理论和设计学科之间的一次思考与写作实验。我们两个是在当代图书文化不同领域工作的朋友，但我们有很多共同兴趣：现代艺术、小说史、哲学和媒介理论。就在我们共同创作这本书并发现合作的力量的过程中，我们逐渐意识到设计师和作家有很多东西可以探讨。然而，要发起和维持跨文字和视觉分水岭的对话是很困难的，部分原因是出版业长期以来把作者和设计师分别放在两座孤岛上。当我们为本书展开采访时，许多作家、评论家和学者都告诉我们，出版方不鼓励他们与他们的封面设计师广泛交流。这么做可能有一个很好的理由：封面设计师是有视觉传达天赋的专业人士，他们需要在没有过多外界干涉的情况下工作。即使是视觉思维最发达的作者，在如何为自己的书做封面方面可能也提不出什么绝妙的点子，就像最老练的设计师可能写不出生动的散文一样。然而，在最好的情况下，封面设计过程会让有不同才能的人参与进来，把书稿变成更为丰富的事物，即一本完整的书、一件艺术品、一份设计精美的商品，是对知识或文化的持久贡献。正如我们在本书中所展示的那样，这个过程引发了许多有趣的问题，值得所有人思考。

创作本书的想法是我们一起在大学教课之后产生的。课上学生们的任务是为教学大纲上提及的小说设计新封面，其中包括弗拉基米尔·纳博科夫、托马斯·品钦、格特鲁德·斯泰因和詹姆斯·鲍德温的作品。有的学生大胆地为《万有引力之虹》（ *Gravity's Rainbow* ）设计封面，这是一部百科全书式的小说，传达了大量视觉细节。有的学生则尝试设计《洛丽塔》的封面，接受非同寻常的道德挑战。他们都非常努力。他们优秀的设计——主要是在表面略粗糙的高档纸材上的手绘——使我们相信，在听到如此多关于实体书已死的消息时，仍要探索书籍封面的意义和价值。

图书封面就像一袋薯片或者一段电视广告片，它明显肩负着的任务就是卖商品，只不过就文学而言，商品本身也是艺术品。

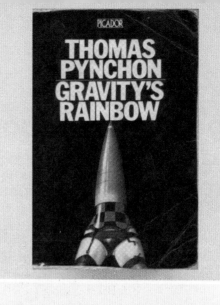

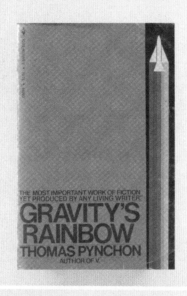

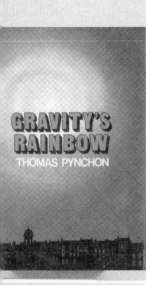

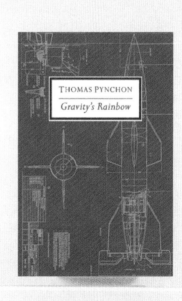

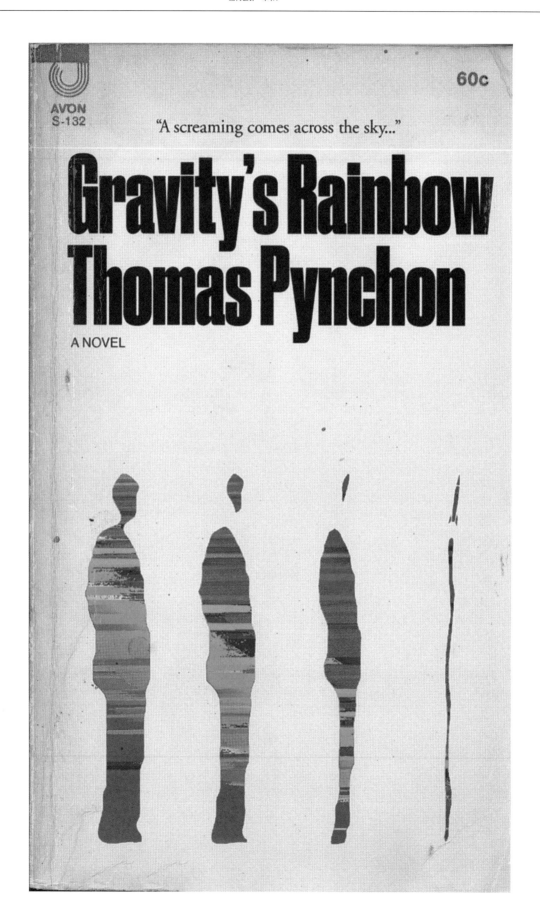

托马斯·品钦的《万有引力之虹》未使用的封面,由彼得·门德尔桑德设计:斯洛索普逐渐陷入无序状态,融为一枚V-2火箭。

我们允许作为数字原住民的学生们提交TIFF、JPEG或PDF格式的作业，但大多数人还是选择了传统的封面设计方式：手绘草稿，剪刀剪裁，糨糊粘贴。这提醒我们，尽管Kindle电子书和有声书在课堂和其他地方变得越来越普遍，但实体书以及与图书设计相关的工艺不会就此消失。事实上，尽管电子书很方便，有声书也便于读者处理多重任务，但实体书，特别是古籍手抄本或可以翻页的书，仍然有一定的诱惑力。与此同时，不可否认的是，亚马逊（以及总体上的数字化）已经从根本上改变了图书封面设计的技术和社会条件。我们正在经历一场媒介革命，而革命的结果是不确定的。

因此，本书代表我们付出的努力——努力评估自己现在所处的位置、曾经所处的位置，以及我们作为读者和爱书人可能的前进方向。结合文学理论和设计方面的见解，我们探讨了书籍封面现在是什么，曾经是什么，有什么作用，以及它为什么重要。作为努力克服我们各自专业领域局限性的合作者，我们把文字和图像放在与彼此的对话中，这本书也是为了让人们可以同时阅读和观看。我们揭开了设计过程的帷幕，展示了封面是如何制作的，包括探讨草图、迭代、失败、修改，方案通过时的激动和方案被拒时的心碎。我们不仅强调读者的视角，还看重作家的发言权，因为在作家的生活中，把书稿交给即将决定它如何出现在世人眼前的那些人的经历是十分微妙的，几乎没有什么能与之相比。

书里依然体现了我们的一些偏好。本书在很大程度上侧重英语书籍和美国传统出版业，并非对全球范围内的封面设计的全面介绍，也并非关于书籍艺术的套路、趋势和风格的完整历史。我们从自己最熟悉的材料——当代文学小说封面设计——开始，后来发现有很多东西可以说。我们并不想全面考察许多已经存在的书籍封面，而是希望能仔细思考书稿变成图书的多阶段过程中出现的最有趣的问题。我们过去的经历和研究方法塑造了后文中的故事、主张和案例研究。我们做了访谈，收集了口述历史，进行了图像研究，并学习了媒介研究、文学理论和图书史方面以前的学术成果。还就这个项目进行演讲，回答了一些问题，这些问题促使我们做了更多研究和思考。本书讨论的部分作品其实是我们的个人作品，还有一部分来自公共领域。虽然已经努力做到细致，但由于方法并不完美且具有特殊性，所以本书不可避免地遗漏了一些重要的封面和设计师。

尽管如此，我们还是希望这本书能为图书封面这一古老的媒介提供新的视角。如果本书能促进未来关于这一主题的研究和写作，我们不胜荣幸，即使这种研究使我们工作的局限性更加明显。基于对作者和设计师的深入采访，最后一章"边缘处的对话"旨在激发关于封面设计过程的新讨论。书末的术语表定义了技术术语。很高兴你能在这里——写作和设计的交集——与我们相遇，共同探索文学边缘的艺术。

"最早的印刷书套，或者现在所说的护封，出现的时期已不可考。自从市场上原护封完好的首版书受到追捧以来，学者、书商和收藏家们就一直致力于寻找最早的护封，为此付出了两三代人的努力。在我从事图书交易的几十年中，见过的20世纪以前的护封，要么是为了保护里面的书，要么是为了出售而起到适当装饰作用，除此之外，再无其他功能。在我看来，这两种功能都是商业性的：使书与现金的交换成为一次干净而愉快的经历。如果我说得没错，那么进入20世纪后，作为广告形式的护封的产生是一个合乎逻辑的、功利性的进步。第一次世界大战后，随着市场上普及版的图书越来越多，以及大众的文化水平急剧攀升，出版商需要新的方法将他们的商品与竞争对手的商品区分开来。这一事实引发的突出问题是，现在常常装饰在护封正面的图像和护封之下的文字内容之间是否真的存在某种关系。"

——格伦·霍洛维茨，书商

1.

现在，书籍封面是什么？

护封

1. 推荐语　2. 作者照片与简介
3. 设计、美术和图片版权　4. 出版信息　5. 条形码

1.

后勒口

封底

2.

MATHIAS ÉNARD is the
award-winning author of *Zone* and
Street of Thieves and a translator
from Persian and Arabic. He won
the Prix Goncourt in 2015 for *Compass*.

CHARLOTTE MANDELL has
translated works by a number of important
French authors, including Proust, Flaubert,
Genet, Maupassant, and Blanchot.

Design by Peter Mendelsund
NEW DIRECTIONS
INDEPENDENT PUBLISHER
SINCE 1936
80 EIGHTH AVENUE
NEW YORK 10011

"This astonishing, encyclopedic, and otherwise ou-
tre meditation by Énard on the cultural intersection
of East and West takes the form of an insomniac's
obsessive imaginings—dreams, memories, and de-
sires—which come to embody the content of a life, or
perhaps several. An opium addict's dream of a novel."
—*Publishers Weekly*

"Mathias Énard has found a way to restore death to life
and life to death, and so joins the first rank of novel-
ists, the bringers of fire, who even as they can't go
on, do."—Garth Risk Hallberg, *The Millions*

"Mathias Énard is the most brazen French
writer since Houellebecq."—*New Statesman*

"Compass is a profound and subtle tale. Énard is an
immensely ambitious writer—luckily, his ambition is
matched by his equally extraordinary talent."
—Alberto Manguel, *El País*

"I'm grateful to Mathias Énard for having given me
the chance to read about an Orient that includes as
much complexity as humanity. It's not the Orient of
the Other, but a reader's and a writer's experience. If I
dared, I would say that it's a participatory Orient."
—Kamel Daoud, author of *The Meursault Investigation*

NDBOOKS.COM

3.

4.

5.

6. 主版面：书名、作者、封面文案与封面书评 7. 内容预告
8. 定价 9. 出版社商标 10. 封面图 11. 梗概和出版方说明

6.

7.

书脊　　　　　　封面　　　　　　前勒口

COMPASS
MATHIAS ÉNARD
Winner of the Prix Goncourt

FICTION　　　　　USA $26.95
　　　　　　　　　CAN $35.95

Translated by Charlotte Mandell

As night falls over Vienna, Franz Ritter, an insomniac musicologist, takes to his bed with an unspecified illness and spends a restless night drifting between dreams and memories, revisiting an ongoing fascination with the Middle East and his numerous travels to Istanbul, Aleppo, Damascus, and Tehran, as well as the various writers, artists, musicians, academics, translators, orientalists, and explorers who populate this vast dreamscape. At the center of these memories is Sarah, a fiercely intelligent French scholar caught in the intricate tension between Europe and the Middle East.

With exhilarating prose and sweeping erudition, Mathias Énard pulls astonishing elements from disparate sources—nineteenth-century composers and esoteric orientalists, Balzac and Proust, Thomas Mann and Sadegh Hedayat—and binds them together in a hypnotic, magical way, as a powerful ode to Otherness.

A NEW DIRECTIONS BOOK

8.

10.

11.

9.

书的封面

并非只有
一面，

事实上，
它有

许多
副面孔。

作为书的实体组成部分之一，书封是一层皮肤、薄膜或者屏障：纸质护封可以保护精装书的封板，避免磨损或日光损害，而平装书的护封不仅可以把书固定在一起，还可以保持书页的清洁和完整。过去，纸质护封是用来保护装饰性封面的普通包装纸，但进入20世纪后，插图从封板转移到了护封本身上（参见第二章）。从象征意义上说，书封是文本的框架，是文本与外界间的桥梁。同时，书封也是对潜在读者的邀请，是他们进入作家创造的宇宙的入口。无论是虚构的、历史的、自传性的，还是其他宇宙，全都包括。它说，来吧，加入派对——至少预留出时间。

作为设计客体，书封是文本给人的第一印象，也是对文本内容的视觉呈现：它既是一种诠释，也是一种从语言到视觉符号的转换。虽然封面设计者可能想表达原创性，但设计过程中也有限制，

因为书封像一座信息亭，它不仅要告诉大家作者、书名和出版方，还要界定书与类型的关系。对犯罪、科幻、奇幻和爱情等类型而言，已有成熟的视觉套路，但所有书都要表明它们与其他书的关系。毕竟没有人喜欢虚假广告。

书还要自我推销，所以封面可以被理解为一种前导广告，其功能很像电影预告片，提供足以吸引我们购买它的细节——包括其他读者（所谓的"推介"作家）的评论，他们的赞美实际上是一种推销。推介作用是许多书封的标准特征，但几乎从它刚出现时，人们就开始怀疑它、嘲弄它，甚至蔑视它。乔治·奥威尔在1936年将小说的衰落归咎于"推介作家写的令人作呕的废话"。[1]卡米尔·帕利亚在1991年的一次演讲中称推介"糟糕透顶"。[2]这种反推介的传统可以一直追溯到这个术语的发明者吉利特·伯吉斯，

吉利特·伯吉斯创造了"推介"这一术语，以嘲弄20世纪初在图书出版界越来越普遍的惯例。

YES, this is a "BLURB"!

All the Other Publishers commit them. Why Shouldn't We?

MISS BELINDA BLURB

IN THE ACT OF BLURBING

ARE YOU A BROMIDE?

BY

GELETT BURGESS

Say! Ain't this book a 90-H. P., six-cylinder Seller? If WE do say it as shouldn't, WE consider that this man Burgess has got Henry James locked into the coal-bin, telephoning for "Information"

WE expect to sell 350 copies of this great, grand book. It has gush and go to it, it has that Certain Something which makes you want to crawl through thirty miles of dense tropical jungle and bite somebody in the neck. No hero no heroine, nothing like that for OURS, but when you've *READ* this masterpiece, you'll know what a BOOK is, and you'll sic it onto your mother-in-law, your dentist and the pale youth who dips hot-air into Little Marjorie until 4 Q. M. in the front parlour. This book has 42-carat THRILLS in it. It fairly BURBLES. Ask the man at the counter what HE thinks of it! He's seen Janice Meredith faded to a mauve magenta. He's seen BLURBS before, and he's dead wise. He'll say:

This Book is the Proud Purple Penultimate!!

他为了嘲弄在出版界越来越普遍的这种惯例，在1907年制作了一张护封，上书"梅琳达·吹捧[1]小姐正在吹捧"。

伯吉斯创造了这个术语，但它的使用应该归功于沃尔特·惠特曼。拉尔夫·沃尔多·爱默生在读过《草叶集》(*Leaves of Grass*，1855)的第一版后，给诗人写了一封赞美信。当时，爱默生是杰出的知识分子，而惠特曼则在纽约以外没什么名气。这封信原本只是为了表达私人的鼓励，不过惠特曼将其发表在了《纽约论坛报》(*New York Tribune*)上。一年后的1856年，他将信中的一句话——"我向站在伟大事业开端的你问好"——用烫金工艺印在了该书第二版的书脊上。这位以"我赞美我自己"作为第一首伟大诗歌开头的诗人有着自我宣传的天赋，这并不稀奇。[3]

事实上，惠特曼知道，书封不仅是书本身的广告，也是读者的广告——他们喜欢想象自己是什么样的人，或希望自己成为什么样的人。在我们所读和我们是谁之间，在书架和自我之间，存在着一种亲密的联系。读完一本书，它的封面就会成为纪念品，纪念一次畅快淋漓的阅读体验。读完一本特别难啃的书，它的封面更像是为智力劳动颁发的奖杯。如果在公共场合带着一本书，它的封面可能会把你暴露给其他人，他们会据此猜测你是什么样的人。如此暴露自己感觉很冒险，但有时你也会欢迎对方的猜测，比如，当拥挤的地铁车厢中闪过一本书的封面，就像与阅读同本书的人来一次秘密握手。

---

1 原文为"Blurb"，意为"推介"，也有"吹捧、吹嘘、夸大其词"的意思。——译者注（如无特殊说明，均为译者注）

沃尔特·惠特曼的《草叶集》第二版（1856），书脊上是烫金的拉尔夫·沃尔多·爱默生的赞美。这位哲学家是在给诗人的私人信件中写的这些话，他本不打算以这种方式将这些话公之于众。

一层屏障，一副框架，一道桥梁，一次转换，一种诠释，一段前导广告，一份纪念品，一座奖杯，一次握手等——书封有着许多副面孔。此外，书封还具备许多功能。正因如此，书封被认为是一种媒介，它通过多种方式（如纸质护封、平装书、数字图像）共同作用，以视觉方式表现文本，并将书呈现给外界。"媒介"（medium）一词有若干重叠的含义，所以它能捕捉到图书封面在这个时代的各种身份和功能。它的同根词"调解"（mediation）和"调停者"（mediator）暗示了干预和介入的过程：不幸福的夫妇寻求离婚调解；中学生向同伴调解员寻求帮助，而不是去校长办公室。自16世纪以来，"媒介"一直被用来探讨中间的地带、质量、程度或条件：处于两者之间的状态。举例来说，在《蒸馏的艺术》（*The Art of Distillation*，1651）——如今自酿酒和调酒指南的久远前身，其中还有炼金术和医学的痕迹——中，约翰·弗伦奇将他调的酒描述为"一种微咸的黏液，在味道上像盐与硝酸盐之间的媒介"。同时，"媒介"也指任何能够承载表达、感觉和情绪的中间物质。"空气，"一位哲学家在1643年写道，"是音乐和所有声音的媒介。"与这些含义并存的还有另外两个概念：货币或交换媒介的概念（例如，交易系统中使用的任何价值象征）和精神媒介的概念（例如，一个声称与死者有联系的人）。[4]最后一个含义并不牵强，因为图书封面的主要作用就是让抽象的具象化，让短暂的可视化，让形而上的呈现出来。

后来，在19世纪，"媒介"开始具有我们今天所知道的更现代的含义。一方面，有通信媒介的含义：是表达渠道或信息传递系统，通过它们，信号可以来回流动。这个概念与我们对"媒介"的认识有重叠，我们认知中的媒介是一个庞大的新闻和娱乐系统，包括报纸杂志、电视、谈话广播和互联网，以及许多作为内容生产者、编辑、意见领袖和权威专家的人。另一方面，也有艺术媒介的含义：绘画、雕塑、舞蹈、电影，等等。在艺术领域，这个词既指*创作材料*，也指*创作方式*：黏土、大理石或混凝纸浆可以被视为雕塑的媒介，但雕塑本身也是一种媒介。谈到雕塑是一种媒介，不仅仅是讨论它的材料，也援引了一种古老而可敬的审美实践，其意义和价值已经被艺术家、哲学家和批评家们争论了上千年。这种广义的媒介概念笼罩着所有艺术的历史、理论和创作技巧。[5]

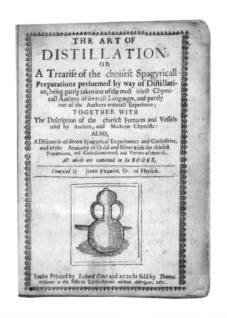

在1651年出版的《蒸馏的艺术》中，早期使用的"媒介"一词指的是两种事物、条件或特性之间的空间。

那么，把书封视为媒介是什么意思？就是把封面看作介于两者之间的东西，是文本和背景之间的中间地带，是作家视野和图书出版文化之间的互动区域。此外，它还是证明写作社会维度的*调停者*或*中间人*——即使书稿是个人撰写的，但图书是集体制作的，封面的产生承载了有关各方的参与，不仅有作者和设计师，还有编辑、出版方、营销总监、印刷公司等。

创作图书封面需要合作，设计过程包括迭代、反馈和修改。最终造就信息丰富的媒介，也许，还是一件艺术作品。

可以肯定的是，大多数图书的封面都不是艺术作品，而是商品包装。然而，几乎所有的图书封面都是混合媒介产品，结合了文字元素和视觉元素。马歇尔·麦克卢汉告诉我们，"任何媒介的'内容'其实都是另一种媒介"，这个说法似乎特别适用于图书封面，因为它重塑了图像、照片、书评中或其他来源的文本。[6] 以雅阿·吉亚西的《回家之路》（*Homegoing*，2016）为例，该书封面的原始设计经历过修改，就是为了加上来自塔那西斯·科茨发在推特上的意外赞美——"一部鼓舞人心的作品"。这个例子可以完美地解释麦克卢汉的话，也向我们展示了在21世纪，图书封面如何存在于数字环境中，又是如何与之共存的。另一个例子是克劳迪娅·兰金的《公民》（*Citizen*，2014），其封面呈现了一件壁饰——大卫·哈蒙斯《兜帽中》（*In the Hood*，1993）——的照片，这件

艺术品影射了历史上的私刑。在这里，通过摄影作品，一件艺术品作为整体视觉设计的一部分被展示了出来。

麦克卢汉的主张让我们注意到了"媒介复用"的现象——凭借这个过程，一种媒介可以吞噬另一种媒介——这在无休止的分享和重制的数字文化中从未停止过。图书封面在该过程中既是载体又是对象。（正如第四章所讨论的，这也是图书封面在今天仍然重要的原因之一。）作为指出了美国种族主义问题的高度政治化艺术作品，《公民》在2016年美国总统大选前被复用在了明显的抗议行为中。由于对当时的总统候选人唐纳德·特朗普在伊利诺伊州竞选集会上的言论感到失望，一位黑人妇女悄悄打开了手中的《公民》，开始阅读。她把书举到与双眼齐平的位置，让书的封面直接暴露在电视镜头前。即使一位年长的白人男子斥责她，她也拒绝放下那本书，他们之间交流的视频被制作成动图，在网上疯传。

在更广泛的媒介生态中的图书封面。
下图: 一条被复用为推介的推特动态。
对页: 一件衣服被复用为雕塑，继而被复用为照片，接着被复用为图书封面（左图：《公民》，作者：克劳迪娅·兰金，封面设计：约翰·卢卡斯），最后被复用为道具（右图）。

68

CITIZEN

AN AMERICAN LYRIC

CLAUDIA RANKINE

即使是
麦克斯·珀金斯——
《了不起的盖茨比》
这部有着最引人注目
封面的小说的编辑——
也曾经丢弃过他的
精装书的纸质护封。

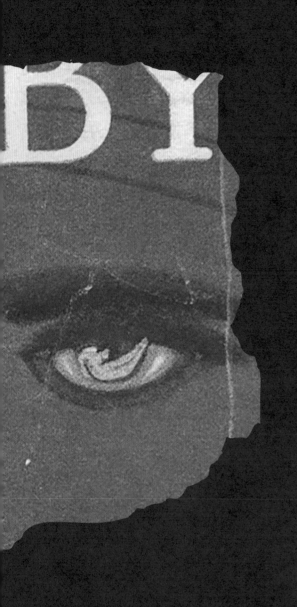

虽然人们很容易把书封看作一种传播和信息的媒介，在包括推特和动图的媒介生态中占有一席之地，但要接受书封是一种艺术媒介却很难。正如第二章将要讨论的，20世纪的封面设计出现了几个变革性的阶段，最有影响力的封面设计师的作品被认为具有博物馆收藏价值。但总的来说，图书封面还是被视为低档商品和时效短暂的附件，是文学或任何以图书形式出现的作品的附带品，而不是必需品。即使是麦克斯·珀金斯——《了不起的盖茨比》（*The Great Gatsby*，1925）这部有着最引人注目封面的小说的编辑——也曾经丢弃过他的精装书的纸质护封。（另外，每当他看到有人在翻页前舔手指，都会眉头一皱。）[7]

关于书封，大众似乎有一种矛盾心理。一方面，出版商在封面设计上投入了相当多的资源（时间和金钱）；网络榜单会对特定季度的最佳设计进行排名；从航空公司的机上杂志到《纽约客》，到处都会有封面设计师的人物介绍。另一方面，书封经常因为性别歧视、种族偏见或迎合受众而遭到抨击；设计师还会被编辑、作者和营销部门的要求夹击；此外，亚马逊的界面要求封面即使是一个小小的缩略图，也要看上去醒目美观。

F. 斯科特·菲茨杰拉德所著的《了不起的盖茨比》第一版护封细节，由弗朗西斯·库加特设计。

这种矛盾心理该怎么解释呢？一种理解是与艺术所处地位的变化有关，也就是说，关于艺术是否构成了特殊的存在领域，与生活的世俗关注点区隔开来。伊曼努尔·康德将艺术定义为"无目的的目的性"，根据他的审美哲学，审美客体是有自主性的，它们不为任何目的服务，而且存在于独立的领域。[8]20世纪上半叶，这一观点得到了有影响力的艺术家和评论家的支持，一直延续至今。然而，书封不仅有明确的工具性作用，还依赖于另一种媒介，即书稿，所以称其为艺术意味着挑战关于"艺术是什么"的主流观念，即使我们知道审美的自主性只是一种幻想，而且艺术与生活的羁绊远比康德认为的要深得多。

但是，关于封面的矛盾心理还有另一个原因，那就是它可能会让人觉得是一个噱头，即使是在设计很优秀的情况下。

噱头是用来吸引注意力、宣传推广或拓展业务的小把戏。文化评论家席安娜·恩盖将噱头称为"不那么神奇的奇迹"，她指出我们往往对噱头抱有矛盾心理。[9]噱头在包装设计中随处可见，而书封也可以做成浮夸的噱头。封面可以用各种制作工艺来装点自身，比如模切、局部上光、烫箔、涂布纸——这些工艺迷人到了恼人的程度，同时也恼人到了迷人的地步，而且对读者不太友好。比如毛边，虽说它巧妙地强调了文学经典的地位，但同时让翻页变得困难。这样的噱头其实并不新鲜。文学理论家热拉尔·热奈特在他颇有影响力的对"副文本"[1]的探讨中指出，书封正变得越来越有噱头。书被装进盒子，盒子又被套上包装纸，出版方还制作了"海报、放大版封面和其他噱头"，以吸引新的"客户"进入书店。[10]

1　指作品正文以外的辅助性文本，主要包括标题、副标题、序、跋、作者署名、插图、题辞、注释、附录、广告等。

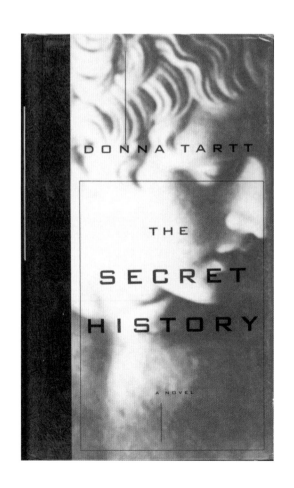

对页：保罗·塞尔为托马斯·马伦的《水门事件》（*Watergate*）制作的模切和击凸护封（左）。芭芭拉·德·王尔德和奇普·基德为唐娜·塔特的《校园秘史》（*The Secret History*）设计的醋酸纤维护封（右）。左图：保罗·塞尔为彼得·芒索和杰夫·沙莱特所著的《杀佛》（*Killing the Buddha*）创作的无字封面。下图：奇普·基德为北方谦三的《灰烬》（*Ashes*）设计的三重封面，由沃迪科出版社出版。底图：杰夫·米德尔顿和罗德里戈·科拉尔为恰克·帕拉尼克的《肠子》（*Haunted*）设计的夜光封面。

制作工艺。

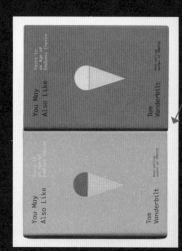

1. 模切
2. 隐性局部上光
3. 双护封
4. 隐性压凹

7. 打孔
8. 预印套盒
9. 烫色
10. 书口上色
11. 传统压凹
12. 羊皮纸护封

　　当然,书籍设计师不需要依赖这些技巧。他们可以设计普通的、基于文本的封面,突出书名和作者名。这样的设计被称为"大书相"(big book look),在著名作家(扎迪·史密斯、乔纳森·弗兰岑)身上效果最好,因为他们的鼎鼎大名就是最好的营销文案。但是,那些不吝用图,或者高预算、高概念的图书护封,为了吸引注意而使出浑身解数,这又是什么情况呢? 它们无一例外都是噱头吗? 不,并非如此——如果它们真正发挥了诠释文本的作用的话。如果它们通过意象和质地对文本进行了解读,其解读补充(甚至挑战)了读者对文本的理解,那就不是噱头。

保罗·兰德为尼古拉斯·蒙萨拉特的《休假取消》
(*Leave Cancelled*)设计的模切护封,克诺夫出版
社,1945年。

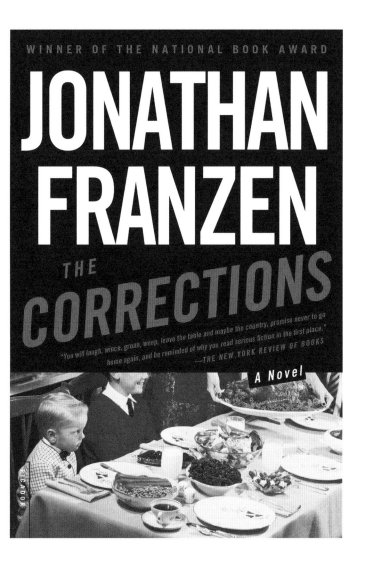

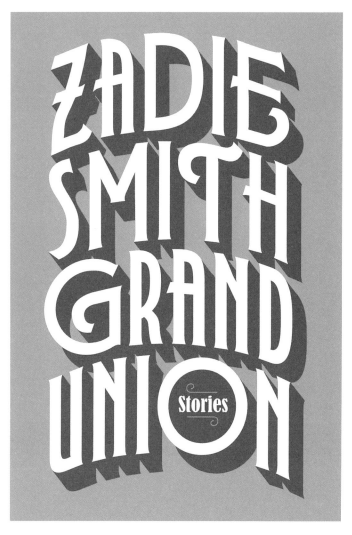

"根据我的经验，为'大作家'的'大部头'设计封面的过程与设计其他图书相似——而且有过之而无不及。我的意思是：前者的设计过程有更多人参与，有更多的意见和更高的期望，还有更大的压力——每个人通常都希望有一些不同和'新鲜'的东西。（但是不能太不同！没有人愿意在有这么多变数的情况下冒险。）通常，我们会收到用'大号字'的要求，还要做出'真正吸睛'的东西。可不管怎么说，它仍然是一本书，我喜欢书，而且通常情况下，'大作家'之所以是大作家，是因为他们写得很棒，这是很大的加成。如果设计期间觉得很痛苦，我会努力让注意力回归书本身。我想，犹如坐过山车般跌宕起伏的'大部头'设计过程可能会终结于一次短暂的灵感迸发——不过，通常在回顾时才发现。《修正》（The Corrections）封面的创作过程正是如此，我无意中在联合广场一张出售的明信片上看到了这张图。我记得当时我立刻跳回电脑前，很快想出了设计方案，并且迅速得到了认可。"——林恩·巴克利，乔纳森·弗兰岑《修正》的封面设计师

"设计这些封面是一种乐趣。我收到的设计要求一般是：这是扎迪·史密斯的新书。封面需要传达'这是扎迪·史密斯的新书'的信息。扎迪善于分享她自己关于封面的想法和思路，而且完全不会让你产生束缚感。她会发来她喜欢的东西，告诉我相关的情绪和背景，帮助我进入情境。她还非常擅长选标题。这一切都达到了完美的平衡。剥离细节和图片，你可以纯粹通过文字和颜色感觉书的内容。"——乔纳森·格雷，扎迪·史密斯《大联盟》（Grand Union）的封面设计师

全文字护封——凭书名和作者名能撑起整个封面时的方案。

Joan Didion The White Album

对页：《冷血》（In Cold Blood），作者：杜鲁门·卡波特，封面设计：藤田贞光。本页：《白色专辑》（The White Album），作者：琼·狄迪恩，封面设计：罗伯特·安东尼。

最有趣的是那种无论多么华丽都有所保留的封面，要想"明白"它的深意，只有把书读完才行。这样的封面不会让人觉得是噱头，而更像是奇迹，会通过作者的文字和设计师的构想之间的相互作用缓缓呈现。这样的封面有一种缓释特质：在阅读的过程中，它们会随着你的变化而变化，而意义则会在之后出现。

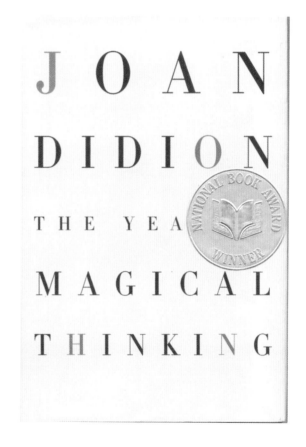

"约翰"（JOHN，指约翰·格雷戈里·狄迪恩[1]）这个词出现在琼·狄迪恩关于失去至亲的回忆录《奇想之年》（*The Year of Magical Thinking*）的封面中，由卡罗尔·迪瓦恩·卡尔森设计。[2]

"《奇想之年》的封面设计中可能确实存在一些奇想。开始设计时，我仍然被琼的书稿深深吸引着，在这样的状态下，我开始摆弄字母，于是'约翰'这个名字在我面前浮现出来。我希望这能成为一种纪念他的微妙方式。"

——卡罗尔·迪瓦恩·卡尔森

1 琼·狄迪恩的丈夫。
2 《奇想之年》一书中讲述了琼·狄迪恩的丈夫约翰突发冠心病去世后，狄迪恩生命中艰难的一年以及她的回忆与思考。

在温弗里德·塞巴尔德《土星之环》（*The Rings of Saturn*）的封面上，从一系列图片中可以看出些什么？由彼得·门德尔桑德设计。

THE RINGS OF SATURN

W.G. SEBALD

"《侏罗纪公园》（Jurassic Park）封面的目的不是让它看起来像'大部头'（只是附带效果），而是让它看起来像一本关于恐龙的书，同时又不像你见过的任何一本关于恐龙的书。我们小时候都很喜欢'艺术概念'中恐龙原本可能的样子，但它们不可避免地被认为是假的，因为太多细节必须靠想象力来实现。我决定从真实的东西入手，画我们知道实际存在的东西，然后填补足够的空白，使其合理而独特。所以成品里有很多锋利的边缘并没有什么坏处（可以这么说）。在排版方面，书名旨在让人想起公园的标志。我承认，至今我已经不记得为什么要在作者名字后面加黑色阴影。看起来没有必要，并且有些笨拙。谁知道呢，也许是营销人员要求'更吸睛'吧。"——奇普·基德

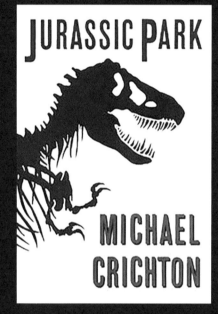

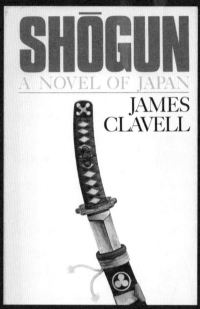

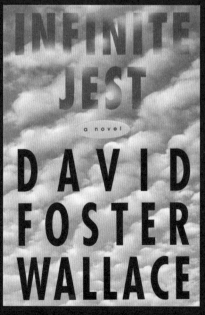

左起沿顺时针方向。《侏罗纪公园》，作者：迈克尔·克莱顿，护封设计：奇普·基德；《幕府将军》（Shogun），作者：詹姆斯·克拉维尔，护封设计：保罗·培根；《幕府将军》（Shogun），作者：詹姆斯·克拉维尔，护封设计：大卫·福斯特·华莱士，护封设计：史蒂夫·施耐德；《无尽的玩笑》（Infinite Jest），作者：大卫·福斯特·华莱士，护封设计：保罗·培根。刘页：《昏迷》（Coma），作者：罗宾·库克，护封设计：保罗·培根。

大书相

1. 字体非常大：越大越好。一般来说，书的封面上要有一个焦点，或是作者名，或是书名，不过有时二者都是。为方便放得更大，其他排版空间通常被压缩。

2. 推介：常见但不是必需的元素。

3. 相对较小的象征意象：通常是一个人、一种动物或一件物品。

4. 非常小的封面文案：包括作者名和相关电影信息等。

5. 负空间：保罗·培根为梅耶·莱文的《蛊惑》（Compulsion）设计的护封（参见第153页）被广泛认为开创了用负空间来抵消大部头封面的大号字的传统。

6. 单色背景：使文字在背景中显得突出。

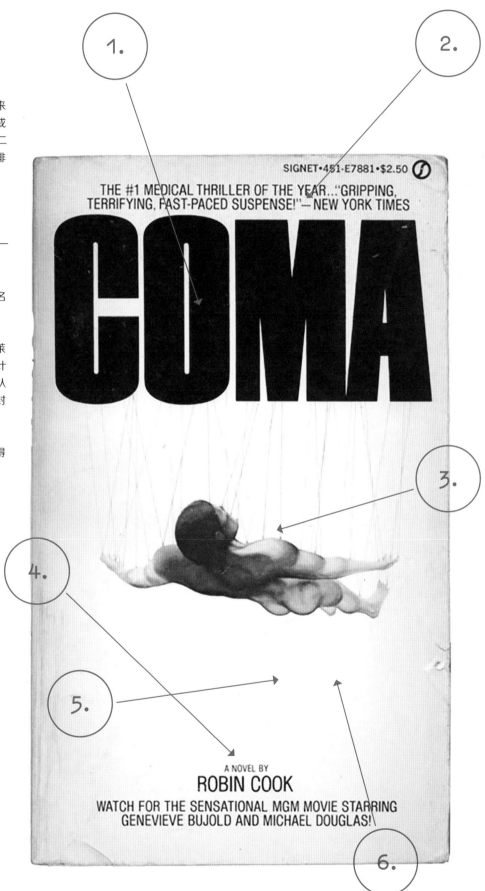

以汤姆·麦卡锡的小说《撒丁岛》(*Satin Island*，2015）的北美原版护封为例。《撒丁岛》的叙述者是一位企业人类学家，他要写出这个时代的权威人种志，按照小说里讽刺性的说法，也可以称之为"伟大报告"。他的工作是总结当代生活的超连接状况，解释人们如何生活在无处不在的无线网络和数字网络中，这些网络是分层次的、有等级的，并且受到了控制；也许控制它们的是"某些邪恶的阴谋集团"。[11] 护封（参见第87页）再现了小说中关于层次和连接的主题，呈现出一个网格，一个由节点和顶点组成的方格网络，部分被油彩遮盖。小说中的一个重要历史人物是法国人类学家克洛德·列维－斯特劳斯，他写过"神话中蕴含着网格"，而这本书的封面就把列维－斯特劳斯的重要观点——神话如何在文化中发挥作用——可视化了。他认为，神话使一种文化的所有不同元素看起来像是单一且连贯的叙事的一部分；就连"未能联系起来且通常会产生冲突的零散假定事实"，神话都能对其产生同样的影响。[12] 小说通过叙述者在混乱的世界中努力完成"伟大报告"来表现这一主题，而书的封面则将网格的理性秩序与肆意泼洒的油彩并置，让后者看上去像因意义过量和溢出而爆炸的神话。

这个封面还有很多可看的地方。除了展示书名和作者之外，封面上的文字还对该书的体裁做了说明。《撒丁岛》是**一部小说**，但同时也是**一篇论文**、**一沓随笔**、**一份报告**、**一次宣言**和**一场忏悔**。近年来，不同文学体裁之间的界限已经变得非常模糊。有些品位高雅的作家转向科幻、奇幻、犯罪和恐怖小说，从中寻找灵感；还有些像麦卡锡这样的作家，他们试图剥离小说的虚构性，也就是说，努力让小说向非虚构作品靠拢。[13] 在这种情况下，小说开始相似于其他类型的作品，尽管它依旧是小说，封面上的文字也说明了这一点。作为一种体裁，小说既灵活又贪婪。小说可以承载巨大的变动，它可以通过一种抵消的同时又保留其他体裁修辞用意的方式，将其他体裁——随笔或宣言——纳入自身。正如被删除线划过的"随笔"和"宣言"一样，我们也在麦卡锡的叙述中听到了其他体裁含混的声音。

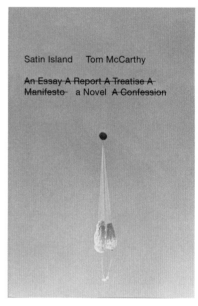

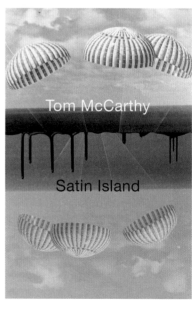

彼得·门德尔桑德为汤姆·麦卡锡的《撒丁岛》创作的两版封面，但均未正式发布。对页：油面。本页：降落伞。

那么，这个封面就不是单纯的装饰，因为它要在我们对这本书的整体审美体验中扮演一个审慎的角色。这种体验比仅仅阅读文字来得更丰富。一本实体书其实是一个混合媒介物，它激活了眼睛、手、耳朵，偶尔甚至还有鼻子。例如，漫画和图像小说充分利用了书作为视觉对象这一特点，也是为什么设计它们的封面会特别棘手。故事要从封面开始吗？这种情况下，封面设计师算是合著者吗？

文学作者也开始了所谓数字时代的图书现象学初尝试。以马克·Z.丹尼利斯基的处女作《叶之家》（*House of Leaves*，2000）为例，这部作品可以说是遍历文学的代表作，这种文学要求读者付出"非凡的努力"来横渡文本——这种努力不仅仅是扫过印着黑字的纸张和翻页那么简单。[14]"家"这个字从始至终用蓝色墨水印刷，像超链接，也像提前使用了脸书界面的蓝色。最近，丹尼利斯基出版了《五十年之剑》（*The Fifty-Year Sword*），这本书更像是艺术家书，而不是传统小说。[15]在这部作品的一千本英文初版中，有一本签名为"马克·丹尼利斯基"，另外有五十一本用马克笔签上了"Z"字。为了与文本中代表不同发言者的五个彩色引号相对应，这些"Z"字的颜色也有所不同。通过这些，丹尼利斯基既挑战了传统的阅读习惯，又将其作品的意义延伸到文本之外，包括了整本书及其各种版本。

然而，如果这一切看起来都是噱头，那是因为人们不习惯将文学与图书艺术混为一谈。人们可能会承认期刊、初版、精装本、平装本、电子书和有声书之间的差异，但无论使用何种媒介形式，《尤利西斯》（*Ulysses*）仍然是《尤利西斯》（另一种解读方式是，你不能像伪造一幅画那样伪造一本小说：由詹姆斯·乔伊斯以外的人重写的《尤利西斯》副本都是真品）。然而，文学作品一直是某些有史以来最令人难以置信的图书艺术的契机，特别是《尤利西斯》。自1934年这部作品在美国首次出版以来，在它的激发下，产生了格外丰富的封面设计历史。在下一章中，对这段历史的回顾将有助于厘清我们这个时代图书封面的特点。

马克·Z.丹尼利斯基的《叶之家》内页，由作者本人设计。

对页：汤姆·麦卡锡的《撒丁岛》，护封由彼得·门德尔桑德设计。

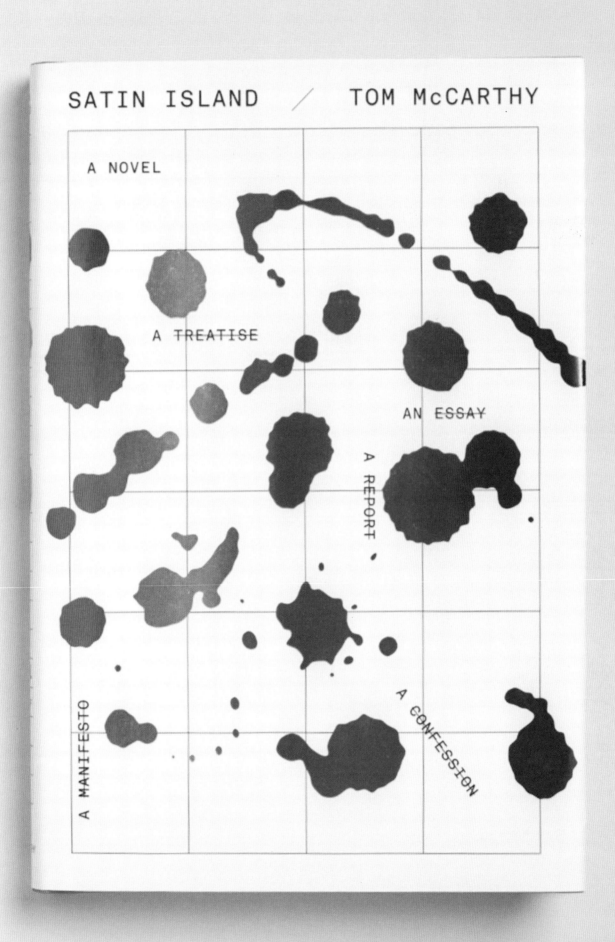

SATIN ISLAND   /   TOM McCARTHY

A NOVEL

A TREATISE

AN ESSAY

A REPORT

A MANIFESTO

A CONFESSION

"图书封面保护图书，但也通过划定内容界限来定义图书。书页总归是被固定在封面和封底之间的，这让人有信心了解任何一本书的内容，有方法区分它的内外。然而矛盾的是，将其他书的部件用在新书上的传统由来已久，用图书馆管理员的话来说，这种书叫'弗兰肯斯坦书'（Frankenstein books）。在19世纪之前的印刷厂里，印刷机产生的废料——在更有利的条件下本可以变为书页的碎纸——并非总是被丢弃，而是经常被压成书的保护性包装纸，在书周围加固一圈或者把书脊和封板变得更硬挺。在英国宗教改革期间，修道院图书馆被纷纷解散后，天主教经文的手稿有时会像上述情况一样，被派作他用，以此表明它们当时的价值只存在于物质层面，与内容并不相关。图书历史学家喜欢追踪研究16世纪的人们对书做出的这种矛盾行为——将书回收再利用与将其大卸八块并行。举例来说，若有人在新教布道集的外皮上发现天主教祈祷书的片段，那一定非常有趣。其背后的动机既有感性的一面，也有务实的一面。例如，1822年，英国散文家查尔斯·兰姆表达了他看到自己鄙视的文本被精心装订成册时的愤怒，他管那种书叫'披着书籍外衣的玩意儿'：在他的想象中，他心爱的图书还在因破损而可怜地瑟瑟发抖，因此兰姆说自己准备'扒光'这些可憎的冒牌货，好'用从它们身上夺来的战利品温暖我那些衣衫褴褛的老兵'。19世纪后期，兰姆提出的用平庸外皮重新装扮好书的方案被古籍交易的一些小群体偷偷采用了。20世纪初'重新装订'（remboîtage）一词开始使用，用来指代这种为藏书家市场开发的相当具有欺骗性的做法：重新利用旧封面。它们由内行人欣赏的著名工坊制作并装饰，而被暗地里转移到比它们所装饰的原作更有价值的书籍上。"

——黛德丽·林奇，图书历史学家

2.

曾经，书籍封面是什么？

几十年来的图书封面演变

19世纪20年代至30年代：出版商开始用无装饰的包封纸包裹图书，以保护有封面画的封板。第一批护封出现。

19世纪40年代至60年代：织物开始取代皮革成为出版商首选的装帧材料。织物上的压花或金色插图变得更加普遍。不过，这一时期护封绘有插图的书数量仍有限。

19世纪90年代至1920年：这一时期，护封设计上的尝试显著增加。起初，护封上会复用封板上的插图设计。后来，护封上终于出现了原创设计。出版商开始在护封上添加文字。第一批"推介"出现。随着插图转移到护封上，封板变得更加朴素。

20世纪20年代：护封设计的一个重要时期，恰逢跨大西洋现代主义的兴起和平面设计作为独立的职业出现。亚伦·道格拉斯为与哈莱姆文艺复兴[1]有关的作家设计封面。

1922年：W.A.德威金斯创造了"平面设计师"一词。

1925年：图书收藏者开始保存护封。《了不起的盖茨比》出版，封面由弗朗西斯·库加特设计。

20世纪30年代：进入平装书时代。

1934年：恩斯特·雷克尔为《尤利西斯》设计封面。

——————
1　又称黑人文艺复兴，20世纪20年代到经济危机爆发这十年间美国纽约黑人聚居区哈莱姆的黑人作家所发动的文学运动。

1907年：吉利特·伯吉斯创造了"吹捧"（推介）一词。

1931年：W.A.德威金斯为H.G.威尔斯的《时间机器》（The Time Machine）设计封面。

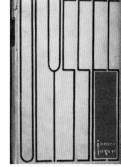

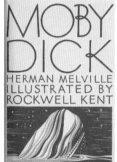

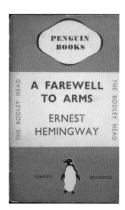

1844年：由但丁·阿利吉耶里著、亨利·弗朗西斯·卡里牧师翻译的《神曲：地狱篇·炼狱篇·天堂篇》（The Vision; or Hell, Purgatory & Paradise of Dante Alighieri）。

1855年：《科西嘉与拿破仑》（Corsica and Napoleon），作者爱德华·乔伊·莫里斯，译自斐迪南·格雷戈罗维乌斯的德文版。

1883年：《亨利·沃兹沃斯·朗费罗：他的生活，他的作品，他的友谊》（Henry Wadsworth Longfellow: His Life, His Works, His Friendships）插图版，作者乔治·罗威尔·奥斯丁。

1883年：《医院速写与营地及炉边故事》（Hospital Sketches and Camp and Fireside Stories）插图版，作者路易莎·梅·奥尔科特。

1894年：第一期《黄皮书》（The Yellow Book）出版。其第一任美术编辑奥博利·比亚兹莱提出了黄色封面的创意，因为会让人联想起当时的法国违禁小说。

1915年：阿尔弗雷德·A.克诺夫出版社出版了第一本书，封面是醒目的橙色。

1930年：洛克威尔·肯特为《白鲸》（Moby-Dick）绘制封面。

1929年：约翰·T.韦特里奇在《出版人周刊》（Publisher's Weekly）的专栏中发问："护封的历史有多久？"

1935年：艾伦·莱恩成立了企鹅出版社。21岁的爱德华·普雷斯顿·扬设计了极具标志性的封面。

1829年：伯德雷恩图书馆中保存着一张护封，被普遍认为是世界上已知的第一张护封：它是一本丝绸装帧的礼品书的包装纸，书名为《友谊的奉献》（Friendship's Offering）。或许，还有更早的护封，但很难确定这种包装纸最早究竟是何时出现的，因为它们原本就是要被丢掉的。

20世纪40年代： 博物馆开始展览护封。前卫的设计师们不断打破边界。平装书革命为封面设计提供了新平台。

20世纪50年代： 现代主义持续贯穿20世纪中期。第一本封面设计师的"技术指导"手册出版。"大书相"成为传统。

1955年：《洛丽塔》由奥林匹亚出版社在巴黎出版，封面十分朴素。

1947年： 罗伯特·乔纳斯为亨利·詹姆斯的《黛西·米勒》（Daisy Miller）（企鹅出版社）设计封面。

1948年： 书封设计师协会举办首次书封展览。

1949年： 国际书封展在伦敦维多利亚和阿尔伯特博物馆揭幕。

1953年： 杰森·爱泼斯坦创立铁锚图书，"优质平装书"由此诞生。

1953年： 被称为"平装书设计界的伦勃朗"的詹姆斯·阿瓦蒂设计《麦田里的守望者》（The Catcher in the Rye）封面。

1956年： 彼得·柯尔出版《设计书封》（Designing a Book Jacket）。

1936年： 詹姆斯·劳克林创立新方向出版社。

1940年： 现代图书馆出版社出版了詹姆斯·乔伊斯的《尤利西斯》，封面上写着"完整未删减"。

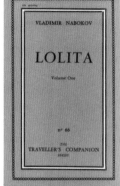

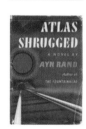

1939年： 罗伯特·德·格拉夫在纽约创办口袋图书。

1941年： 阿尔文·卢斯蒂格为亨利·米勒的《心灵的智慧》（The Wisdom of the Heart）（新方向出版社）设计封面。

20世纪30年代至50年代： 廉价纸浆书的全盛时期。

1949年： 查尔斯·罗斯纳出版《书封的艺术》（The Art of the Book-Jacket）。

1949年： E.麦克奈特·考弗为《尤利西斯》（兰登书屋）设计封面。

1949年： W.A.德威金斯为薇拉·凯瑟的《论写作》（On Writing）设计封面。

1954年： 克诺夫出版社开创了另一个优质平装书系列——古典书系。

20世纪50年代：《蛊惑》出版，"大书相"崛起。

20世纪60年代至70年代：伦纳德·巴斯金和安东尼奥·弗拉斯科尼的商业（和社会现实主义）封面设计得以出版。

20世纪80年代：后现代主义在封面设计中兴起。20世纪80年代至90年代，"大书相"的设计风格复苏。

1962年：《洛丽塔》使用了与同名电影相配的封面。

1968年至1979年：在同侪中最有才华的设计师大卫·佩勒姆为企鹅出版社制作了令人难忘的封面。

1969年：保罗·培根为《波特诺伊的怨诉》（Portnoy's Complaint）设计封面。

1984年：古典当代书系采用了由洛林·路易等设计师创作的后现代主义封面。

20世纪50年代至60年代：罗伊·库尔曼和其他设计师将抽象化的风格与超现实主义理念推向了更大的市场。

1965年：美国版权局开始为包含作者生平资料和照片的封面创建档案。

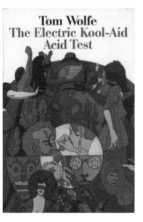

1960年：鹈鹕图书为平装非虚构作品《分裂的自我》（The Divided Self）制作了抽象的、格式化的封面。

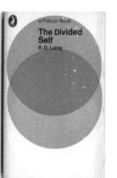

1986年：卡琳·戈德堡为《尤利西斯》设计封面。

20世纪60年代至70年代："大书相"盛行。尽管部分设计师在寻找其他选择，但现代主义仍然占据主流。平装书继续蓬勃发展。小说被改编为电影，图书封面也开始向电影海报靠拢。

1961年：保罗·培根为《第二十二条军规》（西蒙与舒斯特）设计封面。

20世纪60年代至70年代：迷幻风格和反主流文化元素出现在护封上。

20世纪80年代：摄影作品取代了插图，成为制作小说封面的主要素材。

20世纪90年代：克诺夫时代，摄影作品在平装小说的封面上大行其道，效果也很好。

21世纪初：用插图的封面重新流行；无护封封重新流行；版面设计软件夸克（Quark）衰落，奥多比（Adobe）兴起；手写体和手工艺重新流行；羊皮纸和其他旧纸被数字化并作为复古效果的背景使用；极简主义复苏。

21世纪初：互联网文化和社交媒体的兴起，为缩略图封面的出现提供了环境。

2012年：矢量图开始在封面上大展拳脚。

1989年：佐恩图书开始在学术书籍上使用设计风格前卫的封面。

1994年：亚马逊网站成立。

1995年：无设计的设计成为一种趋势。

2005年：《论扯淡》（On Bullshit）出版，经过极简设计的非虚构图书兴起。

2007年和2010年：亚马逊推出Kindle，苹果紧随其后推出iBooks，（仅限）电子书（使用的）封面出现。

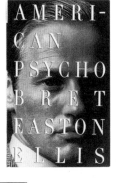

2010年：装饰性封面、布书套和花纹压印重新流行。

2005年：内德·德鲁和保罗·斯特恩伯格出版了《以貌取书》（By Its Cover）；约翰·厄普代克在《纽约客》上发表了"迷惑的概念性"的言论。

2018年：全文字、预格式化版本回归。

20世纪80年代至90年代：弗雷德·马塞利诺1987年为《虚荣的篝火》（The Bonfire of the Vanities）设计的护封，以及跨越八九十年代的安杰·克里莫夫斯基与劳伦斯·拉兹金设计的在当时具有时代超前性的封面。

2002年：乔纳森·格雷等人使以手写体为主（或按照一般说法，以手工艺为主）的封面回归。

2010年：图书封面手提袋兴起。

2015年：可互换的大字体彩色封面时代到来，该趋势可以理解为"让封面以缩略图形式在亚马逊网站上展示时，效果良好"。可以说，这是封面起诠释或评价作用的时代的落幕。

1850年，帕特南出版社再版詹姆斯·费尼莫尔·库珀的小说《红色漫游者》（*The Red Rover*），在一篇佚名评论中，赫尔曼·梅尔维尔提出，书"应该打扮得体"。

1827年版的《红色漫游者》似乎实现了赫尔曼·梅尔维尔对图书外观的愿望。

　　梅尔维尔批评他那个时代的图书装帧商"可悲地缺乏创新精神"，他渴望比帕特南出版社更有雄心的设计方案。他建议，《红色漫游者》这样一本关于海盗的冒险小说不该用如此寡淡的封面；相反，它应该被裹在"一张火红的摩洛哥山羊皮中，而且封皮要尽可能薄，最好像轻纱一般，这样就可以很好地与该书弥漫着血腥味的逃亡感书名相呼应"。[16] 显然，梅尔维尔没见过1827年的版本。《红色漫游者》首次在伦敦由亨利·科尔伯恩出版时，作为库珀的第八部小说，它穿着一身定制的布衣，还套着漂亮的红色书套。这本小八开的书以占外封四分之三面积的小牛皮装帧，书脊使用烫金工艺，且有丝带和棕色小牛皮商标，封板配以大理石花纹。今天，珍稀图书收藏者要购买这一版本的《红色漫游者》，预计要花1500美元以上。

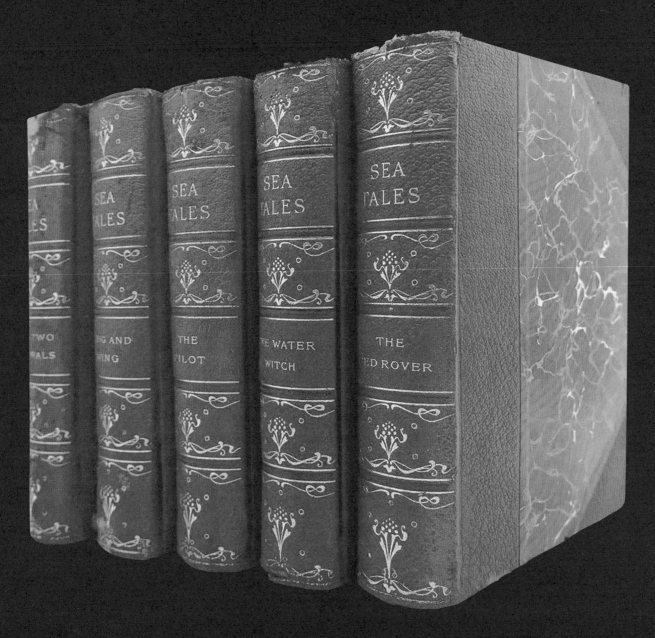

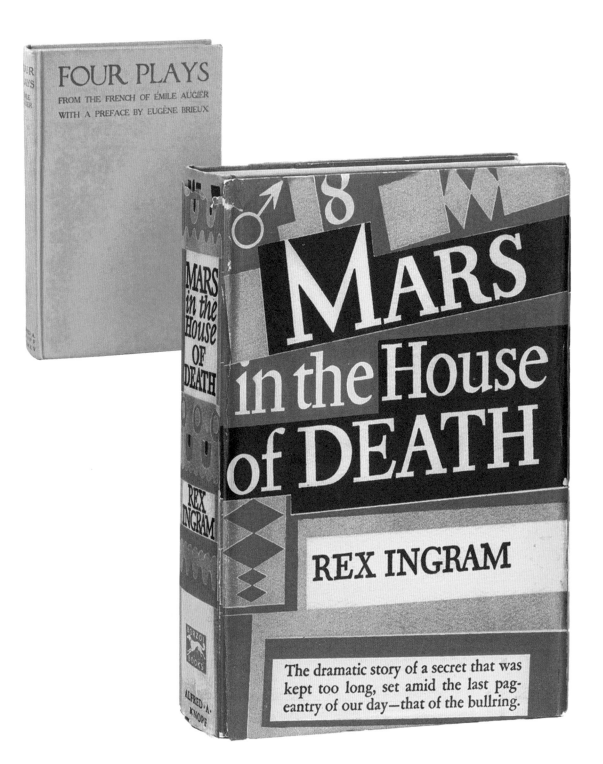

右页：阿尔弗雷德·A.克诺夫出版社的第一本书是埃米尔·奥吉耶的《四部戏剧》（Four Plays），于1915年出版，封面上有醒目的橙色和蓝色。
前图：雷克斯·英格拉姆的《火星落入死亡之屋》（Mars in the House of Death），封面由创造了"平面设计师"一词的W.A.德威金斯设计。

当今书封的历史可以追溯到梅尔维尔时代。[17]尽管数字革命开始后发生了一些变化，但这段历史对21世纪的图书设计仍然有重要影响。从19世纪20年代开始，出版商开始为他们的图书制作可拆卸的包封纸。此前他们还使用过其他各种材料。1310年，有人制成了一张人皮护封，为了给文字留出空间，他们还从人皮上去掉了几处毛发。目前，这本书收藏于大英图书馆的某个地方。[18]2014年，哈佛大学霍顿图书馆证实，其藏书中有一本就是以这种方式装帧的，封面确由人皮制成。这本书是19世纪80年代中期出版的阿尔塞纳·何塞的《灵魂的归宿》（Des destinées de l'ame）。[19]1934年，这本书被捐赠给图书馆时，随书附有一张字条，上面写着"一本关于人类灵魂的书理应披上一张人皮"，令人毛骨悚然。

包封纸，常常被称为"护封"或"书衣"，被用来保护书籍，避免刮伤和日光损害，最初它们是没有插图的。直到19世纪90年代，出版商才开始将护封作为常规的广告手段，但那时，出版商更倾向于在护封上使用与封面相同的图案，或者使用书内的插图。直到20世纪20年代，图案丰富多彩的护封才开始盛行，它们被用来包裹封面朴素的精装书。首批现代图书的封面中，一部分是由建构主义艺术家亚历山大·罗德琴柯和埃尔·利西茨基在苏联设计的。在此期间，美国和英国的出版商均开始雇用书籍设计师，组建美术部门，并在平面设计和宣传方面加大了投资力度。广告业已经兴起，图书需要在激烈的市场竞争中推销自己。

举例来说，1915年阿尔弗雷德·A.克诺夫创立出版社时，他出版的第一本书——埃米尔·奥吉耶的《四部戏剧》——的封面采用了醒目的橙色与蓝色的搭配。到20世纪20年代，克诺夫以其在实体书的美感上的投入而闻名；在过去的一个世纪里，许多著名设计师都为克诺夫做过设计。

事实上，创造了"平面设计师"一词的设计师W.A.德威金斯就是从20世纪20年代开始为克诺夫的出版社工作的，大约与薇拉·凯瑟同期签约，她相信克诺夫"已经着手要在出版业做些非同一般、独树一帜的事了"。[20][这并不意味着凯瑟总是容易被取悦。1927年4月27日，克诺夫在给书籍设计师埃尔默·阿德勒的信中说："凯瑟小姐刚看到《大主教之死》（Death Comes for the Archbishop）的扉页就被吓住了，恐怕我对它也没多少热情。"[21]]

和艺术设计的其他领域一样，在"一战"与"二战"之间的几十年里，封面设计的发展格外蓬勃。现代主义席卷了整个欧洲，许多在20世纪30年代非常有影响力的封面设计师都移民到了美国，还给美国带去了未来主义、建构主义和包豪斯的审美。在这个时期，拉迪斯拉夫·苏特纳、戈尔杰·凯普斯、洛克威尔·肯特、乔治·索尔特、恩斯特·雷克尔和E.麦克奈特·考弗的设计作品脱颖而出。在英国，作为布鲁姆斯伯里集团成员的凡妮莎·贝尔为她的妹妹弗吉尼亚·伍尔夫的书制作了引人注目的封面。欧洲大陆也出现了一些值得注意的作品。在法国，图书有着标准化的外观，黄色纸质护封和黑色凸版印刷字体的组合十分盛行。而魏玛共和国时期的德国则是前卫派的实验场，当时有各种各样的技术，包括照片合成、图像排印和手工绘画。当然，世界上的其他地方也存在充满活力的图书文化，但我们今天所知道的护封设计萌芽于跨大西洋现代主义。

1922年，西尔维娅·比奇首次将詹姆斯·乔伊斯的《尤利西斯》出版成书（乔伊斯要求她用与爱琴海相配的蓝色封面）。以此为起点，这部典型的现代主义小说拥有着丰富的封面与再版封面的历史，原因之一便如上文所言。（这个版本经过了百年时光的洗礼，看起来已经不像蓝色，反倒更像绿色；不像希腊人，反倒更像爱尔兰人。）《尤利西斯》最初是在巴黎出版的，被视为淫秽小说，因此无法在美国出版，直到1933年美国地方法院才做出与此相反的裁决。[22]

　　该书的美国首版封面与原版一样具有标志性意义。1934年，恩斯特·雷克尔为兰登书屋设计的封面上采用了保罗·雷纳于1927年设计的 Futura Black 字体，这些文字也占据了书的前勒口。雷克尔生于德国，得到《尤利西斯》的设计工作时33岁，拥有艺术史与文学博士学位，1926年来到纽约。与许多同行不同，他并非只是封面设计师，而是"全书设计师"，他认为仔细阅读书稿是好设计的基础。也许是为了向乔伊斯热爱的藏头诗致敬，雷克尔利用字母的造型力量创作了一版封面，描绘了小说主人公利奥波德·布卢姆在都柏林市内漫长的游荡。画面上夸张的垂直感被顶部、底部和中间的微妙的水平线所抵消，黑色文字也和右下角的明显矩形取得了一种平衡，这或许暗示了布卢姆作为思想家和社会行动者偶尔过人的胆识。

詹姆斯·乔伊斯所著《尤利西斯》的第一版，1922年由西尔维娅·比奇的莎士比亚公司在巴黎出版。这本书是平装书，其颜色（蓝底白字）遵从了乔伊斯本人的建议，为了与希腊国旗相配。

ULYSSES

BY

JAMES JOYCE

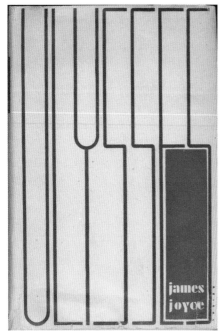

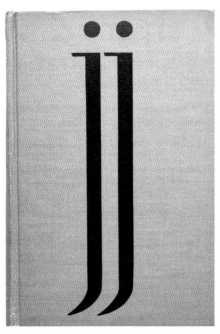

不同时代的《尤利西斯》封面。左上图: 美国首版 (1934年) 的封面, 由恩斯特·雷克尔设计, 使用了保罗·雷纳设计的字体。左下图: 同一版本的内封。右上图: E.麦克奈特·考弗为1949年版本设计的封面。右下图: 卡琳·戈德堡为1986年版本制作的封面。

雷克尔说,《尤利西斯》是 "我做过最有名的设计", 不过说该设计受到了 "蒙德里安的影响" 纯粹是 "臆想"。和任何优秀设计师一样, 雷克尔在细节上非常较真: 护封是 "为一本尺寸为6×9英寸的书设计的, 尺寸定为5½×8英寸就有点挤了"。但他在有生之年对这本小说的再版封面设计始终非常宽容。"这本书成了经典,"他写道, "经典之作一般不会保持其最初的设计。至少在这方面,《尤利西斯》也不例外。"[23] 十五年后, 同样为兰登书屋工作的E.麦克奈特·考弗在为这部小说制作封面时, 也采用了文字作为构图手段。夸张的 "U" 和 "L" 致敬了雷克尔的先锋设计, 而鲜明的黑色背景让人联想到阿道夫·莱因哈特创作于20世纪中期的抽象派艺术作品, 而不是彼埃·蒙德里安的早期作品。

1986年, 卡琳·戈德堡为《尤利西斯》的所谓修正版设计了封面, 她也使用了Futura字体, 其设计以雷纳1928年为巴伐利亚应用艺术学校创作的海报为模板。戈德堡的封面被批评过度依赖模仿画, 但它仍然成为后现代主义设计的标准。2002年, 兰登书屋再版了《尤利西斯》, 护封复刻了雷克尔1934年的设计, 用数字手段渲染, 设计者未署名。这款护封证明, 21世纪的设计也可以将现代主义的历史当作可以引用的素材, 只要其中的细节在平板电脑或智能手机上看起来不错就好, 更不用说在自拍或晒书架的照片中了。

为了纪念其问世一百周年,《尤利西斯》可能会以怎样的形态出现, 它的外观和带给人的感觉又会如何呢? 众所周知, 2022年2月2日,《尤利西斯》图书设计会迎来一百周年纪念, 届时商业、技术和想象力的组合会带来怎样的呈现呢?

回答这个问题有一个方法, 就是回顾过去一百年来封面设计的主要运动和风格, 因为今天的封面设计师对这些历史了如指掌。有些封面设计师有指定的图像研究人员, 而且人人都可以用谷歌搜索。在上一章中, 我们提出, 书封应该被视为一种媒介, 而媒介理论家弗里德里希·基特勒告诉我们, "媒介决定人的处境", 也就是说, 技术塑造了人类的经验。[24] 媒介和历史之间存在着一种辩证关系, 这种关系在书封上表现为一出反复改头换面的戏剧：将文学重新塑造为一种视觉和有形之物的迭代过程。换句话说，每个历史时期都有与之相配的《尤利西斯》。正如乔伊斯的文字可以根据其背景而具有不同的含义一样，书的外观也可以说明它诞生于怎样的年代。

今天的封面设计师可以很容易地了解过去的视觉文化，但他们面临的挑战是如何为挑剔的读者做好设计，因为越来越多的屏幕时间使读者也更为见多识广。这是前辈们面临的挑战在当今语境下的表达，也解释了为什么书封历史上有如此多样的风格。然而，正如2002年雷克尔设计的《尤利西斯》复刻版所表明的那样，现代主义在20世纪中叶甚至之后仍然有着重要影响。阿尔文·卢斯蒂格、伊莱恩·卢斯蒂格·科恩、罗伊·库尔曼和保罗·兰德是20世纪中叶最重要的现代主义者之一，他们将这一传统延续到了第二次世界大战后的几十年里。作为现代主义者，这些设计师相信理论和实践之间的密切关系，他们努力制作那些可以将字体和插图融入美学整体的封面，和雷克尔和考弗所做的一样。他们也有强烈的公民理想。阿尔文·卢斯蒂格认为，"设计师不是孤立的某一领域的专家，而是所有艺术形式的整合者，同时也是社会进步的代言人"。[25]他们受雇于进步的出版商，如新方向、克诺夫、双日（Doubleday）、维京（Viking）、企鹅和格鲁夫（Grove）。卢斯蒂格夫妇试图打破他们认为的"应用艺术"和"纯艺术"之间的错误界限，而兰德则致力于为美国读者翻译欧洲先锋派的视觉语言。

与此同时，在英国，艺术装饰风格的盛行贯穿整个20世纪40年代，风格动感的几何图案出现在了肯特、考弗、埃德蒙·杜拉克和一位只以署名"贝尔德"示人的插画家创作的著名护封上。"二战"后，英国见证了新浪漫主义在艺术领域的兴起，这一运动的特点是其挽歌般的哀怨情绪和与风景产生联系的精神渴望。受塞缪尔·帕尔默和威廉·布莱克充满想象力的画作的启发，新浪漫主义者（如基思·沃恩、约翰·明顿、罗伯特·梅德利、爱德华·鲍登、爱德华·布拉和迈克尔·艾尔顿）开始致力于跨纯艺术和应用艺术领域的工作。他们为出版商约翰·莱曼创作了许多封面，通常描绘的是风景，上面覆盖着手绘字体，风格轻松。与此同时，大西洋两岸的

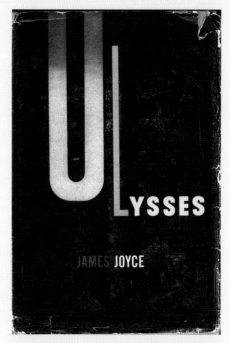

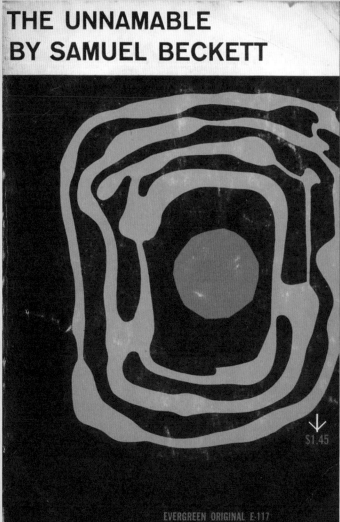

20世纪中叶的现代主义封面作品。左起：
《禅与日本文化》（*Zen and Japanese
Culture*），作者：铃木大拙，封面设计：
保罗·兰德；《无法称呼的人》（*The
Unnamable*），作者：塞缪尔·贝克特，
封面设计：罗伊·库尔曼。对页：《在城市
的冬天》（*In the Winter of Cities*），作
者：田纳西·威廉姆斯，封面设计：伊莱
恩·鲁斯蒂格·科恩。

IN THE

WINTER

OF CITIES

封面设计师们将注意力转移到了童书上，李欧·李奥尼和费利斯·埃克尔斯·威廉姆斯的作品在这个领域尤其值得一提。

到了20世纪中期，书封设计在平面艺术和传播学史上占据了重要地位，和同时期的其他艺术一样，表现出现实主义和现代主义倾向。一些封面，如本·沙恩的作品，以用插图描绘人物、环境或文本中的场景为特色；另一些则按照现代主义的传统，显得更加抽象，形式上更加朴素。继阿尔文·卢斯蒂格和兰德之后，乔治·朱斯蒂、弗雷德·特罗勒、鲁迪·德·哈拉克、安尼塔·沃克·斯科特以及谢玛耶夫与盖斯玛的团队等设计师将现代主义向前推进，而图钉工作室的米尔顿·格拉瑟和西摩·丘瓦斯特发展出一种新的折中主义风格，将插图与历史字体融合。

1945年至1970年，图书封面设计尤其活跃。先锋的现代派仍然活跃，而平装书已经成为封面设计师的重要平台。如今，当一本精装书重新出版时改为平装书，通常会使用不同的封面。之所以如此，有几个原因：可能是平装书出版商没有获得使用原设计的权利；可能是精装书的销量低于预期，促使出版商重新设计；也可能是作者和/或编辑要求改变。此外，许多平装书出版商有独特的调性，他们希望让所有的产品保持调性的一致，所以需要新的封面设计来使书符合品牌审美。原因还有尺寸和价格上的基本差异：标准的平装书比标准的精装书更小、更便宜，所以平装书的封面设计师要面临一系列不同的限制和可能性。

尽管设计豪华的精装书已经达到了奢侈品的地位，但不可否认的是，平装书在封面艺术史上的重要性。艾伦·莱恩在1935年创立了企鹅出版社，成就了第一条成功的大众市场平装书产品线。此后不久，罗伯特·德·格拉夫紧随其后，于1939年在美国开创了口袋图书。他们的成功为雅芳、流行图书馆、戴尔、班坦和其他出版商铺平了道路，包括新美国图书馆，西涅（虚构）和曼托（非虚构）。虽然护封是19世纪的发明，但平装书几乎和印刷的历史一样久远。在法国，几个世纪以来，图书一直是平装的。例如，1922年版的《尤利西斯》就是平装书。然而在美国，大规模平装书的出版在19世纪至少尝试过两次，但只取得了一定的成功。

莱恩和德·格拉夫比较成功，因为他们开创了新的发行和销售方法。[26] 在20世纪40年代、50年代和60年代，平装书是与廉价纸浆杂志和漫画书一起发行的，这意味着它们在报摊、药店、烟行、便餐馆以及火车站和汽车站都能买到。为了和其他任何零售商品竞争，它们的封面必须足够诱人。一些设计师，如罗伯特·乔纳斯，将高度现代主义美学应用到了平装书设计中。作为威廉·德·库宁和阿希尔·高尔基的朋友，乔纳斯把现代主义带到了街头巷尾。[27] 以他为杜鲁门·卡波特的处女作《别的声音，别的房间》（Other Voices, Other Rooms，1948）设计的封面为例，上面是一块破碎的窗玻璃，框住了一对亚当夏娃般的夫妇，它借用了爱德华·马奈《草地上的晚餐》（Le Déjeuner sur l'Herbe，1863）的部分场景。同样，他为亨利·詹姆斯1947年的《黛西·米勒》企鹅平装本创作的封面也采用了立体主义抽象拼贴画的风格。

如果说卡波特小说的封面体现了欧洲前卫艺术和美国大众文化之间的融合，那么它的封底则讲述了另一个故事。卡波特斜靠在一张长沙发上，右手暗示性地放在腰部以下，心无旁骛地凝视着他的读者——这是作家展示自己的传统姿势，追溯于惠特曼在《草叶集》衬页上敞开领子的照片。把卡波特放在封底是精明的营销手段。新美国图书馆的编辑们在准备出版卡波特的《夜树》（A Tree of Night，1949）时，在内部备忘录中提出："这本书应该尽可能地与《别的声音，别的房间》以及这位了不起的年轻作家本人紧密联系在一起。"捆绑销售似乎是个好主意，因为人们觉得卡波特

1948年扬·奇肖尔德·埃尔加德·弗雷德里克森为企鹅图书制作的封面模板，这模板基于爱德华·普雷斯顿·扬1935年的原始设计。

PENGUIN
BOOKS

FICTION

23½cms

THE MAIN
TITLE

THE AUTHORS
NAME

FICTION

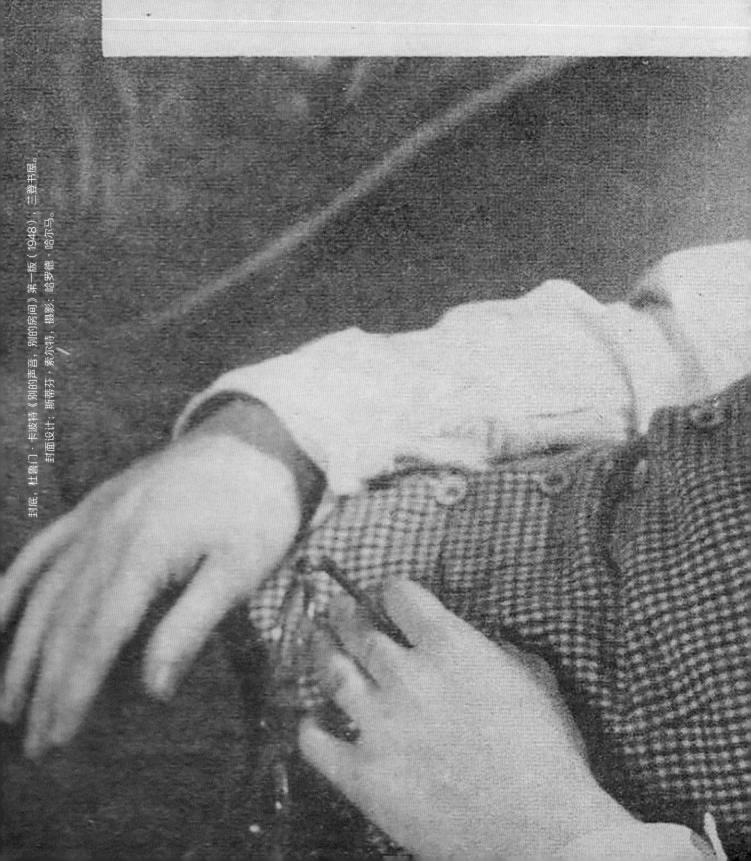

"Rarely does one find a writer of Trur
eration who shows, at the beginning o
results which would seem to come onl

封底，杜鲁门·卡波特《别的声音，别的房间》第一版（1948），兰登书屋。

封面设计：斯蒂芬·索尔特，摄影：哈罗德·哈尔马。

Capote's gen-
career, those
th maturity."

RGUERITE YOUNG

Halma

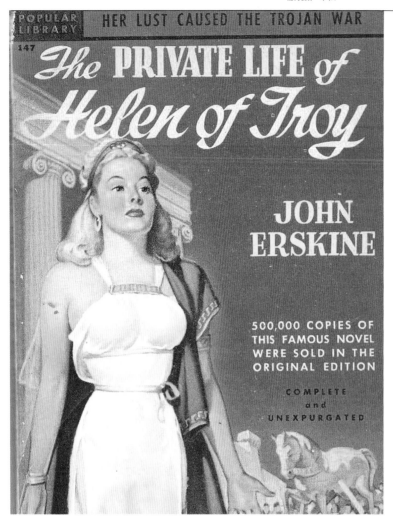

这个封面出自多产的廉价纸浆书艺术家鲁道夫·贝拉尔斯基之手，他的设计出现在1948年再版的约翰·厄斯金1925年的小说《特洛伊海伦的私密生活》（The Private Life of Helen of Troy）平装本上。

有种"与众不同"的调调，而且"他那张广泛传播的照片"会让他的书有望"在报摊上大卖"。然而，卡波特本人想要一些不同的东西，他并不关心书在报摊上的销量如何。"关于这本书，"他在给出版人维克多·韦布莱特的信中写道，"我希望护封做得朴素一点，也就是说，不要像《别的声音，别的房间》那么华丽。我还希望你们不要用我的照片……我想，作者简介中只说我出生于新奥尔良市，出版过三本书就行了。"[28]

在上一章中，我们提出书封是一种媒介。从这个意义上讲，它是调停者或中间人：把人们聚集在一起，让他们之间建立联系。然而，这并不意味着从事图书封面工作的人总能融洽相处。图书封面的历史其实也是作者、编辑、代理人、出版商和设计师之间的斗争史。例如，J.D.塞林格对1953年西涅/新美国图书馆推出的《麦田里的守望者》平装本的封面感到非常失望（参见第112页），因此他坚持让自己在班坦图书公司出版的《九故事》（Nine Stories）使用自己设计的封面。塞林格要求韦布莱特不要在封面上展示小说主人公霍尔顿·考尔菲德的脸，像弗兰茨·卡夫卡希望《变形记》（The Metamorphosis）的封面上没有昆虫一样，像弗拉基米尔·纳博科夫讨厌《洛丽塔》的封面上出现年轻女孩一样，塞林格也不能接受他的主角有视觉化呈现。但新美国图书馆的封面设计师——被称为"平装书设计界的伦勃朗"的詹姆斯·阿瓦蒂——的计划则与之不同："要展示（霍尔顿）从百老汇大街或第四十二街走来，表达他对喜欢电影的人的痛苦反应，等等。"[29] 也许是对塞林格做出了一点让步，詹姆斯最后放在封面上的是霍尔顿走远的画面，展现了一种别样的"诱惑"：画面上似乎是时代广场上的一家脱衣舞俱乐部，还有一个男人在旁边。

和现在一样，20世纪中叶的平装书出版商出版了多种类型的图书：新文学小说、再版的经典文学、严肃的非虚构作品、格调不高的廉价纸浆小说、侦探小说、恐怖小说、奇幻小说，等等。看看它们的封面就会发现各种风格混杂在一起——有的高雅，有的低俗，更多的风格介于两者之间。从一方面来看，自从1953年杰森·爱泼斯坦成立铁锚图书和1954年克诺夫推出古典书系之后，市面上就出现了"优质平装书"。[灯塔（Beacon）和子午线（Meridian）出版社不久后也推出了这类平装书。]铁锚的许多书都使用了爱德华·戈里设计的封面（参见第111页），而且卖得特别好。从另一方面来看，市面上出现了许多画面粗俗的、无下限吸引眼球的或存在其他问题的封面。著名的例子出自一位多产的廉价纸浆书艺术家鲁道夫·贝拉尔斯基之手，他的设计出现在1948年再版的1925年的《特洛伊海伦的私密生活》平装本上。虽然小说本身与女性的胸部没有多大关系，只是文中提到了一次"乳房"，但小说的封面却对"乳房"有着强烈的暗示。贝拉尔斯基声称，平装书出版商并不关心他所描绘的场景是否在小说中出现过。"编辑们会说：'别担心，我们会把这画面写进去的。'"[30]

平装书的封面还会以其他方式误导读者对文本的预判。以班坦出版的第404号书——约翰·赫西的《广岛》——为例：《广岛》最初发表在1946年8月31日的《纽约客》上，在致读者的声明中，重述了该杂志编辑的话，"被一颗原子弹几乎完全抹去的城市"。几个月后，《广岛》以精装书的形式面世，其低调且贴合文字的封面能让人们得出正确的结论，即《广岛》的故事发生在广岛。然而，班坦推出的平装本封面却暗示该书有着不同的背景。画面中有

卡夫卡曾明确表示，他不希望这本书的封面上有一只虫子。

404 SIX SURVIVED TO TELL WHAT HAPPENED

HIROSHIMA

John Hersey

A BANTAM BOOK
Complete and Unabridged

爱德华·戈里为双日/铁锚出版的图书设计的四个封面。
1953年到1960年，爱德华在该出版社工作。

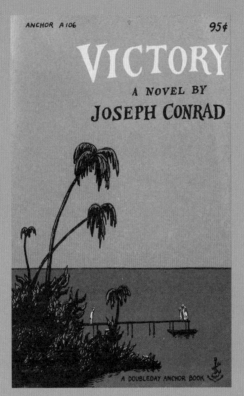

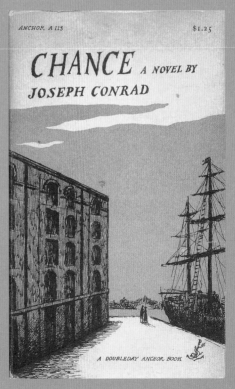

两个人，但不是日本人，他们正在逃离画面外的爆炸。他们都很年轻，是白人，而且穿着时尚：女人穿着乐福鞋和密褶裙，俨然是典型"新风貌"时尚风格，男人穿着一身袖口带松紧的合体风衣——"霍尔登"在西涅／新美国图书馆于1953年出版的《麦田里的守望者》平装本封面上穿的就是这种风衣。所以班坦第404号书似乎讲的是发生在美国的事。

封面设计者杰弗里·比格斯其实没有欺骗读者的意思。正如他在版权页前的说明中所说，他是想表现出普遍性："我只是画了两个普普通通的人，像你我一样，画出他们惊恐、焦虑和渴望生存的样子；他们身处一座大城市——像你我所在的城市一样，只想逃离一场人为的灾难。"按照某种不太靠谱的替代逻辑，当赫西小说里的六个日本幸存者变成封面上的两个白人，真实发生的战争似乎成了一种文学可能而已。几年后，也许是为了寻求可以承载这本书的隐喻的更好方案，班坦决定不再使用比格斯的封面，换成了有官方蘑菇云照片的图像。

20世纪70年代，英国企鹅出版社继续出版种种封面亮眼的图书，包括大卫·佩勒姆为安东尼·伯吉斯的《发条橙》（*A Clockwork Orange*）等小说创作的、藤田贞光为杜鲁门·卡波特的《冷血》（参见第78页）等小说创作的标志性封面。美国出版业开始了整合的过程，这改变了平装书和精装书的设计条件。通过合并与收购，大型企业得以形成。虽然独立出版商（如格鲁夫和新方向）仍在培育创新作品，但它们都在大出版社的阴影下，开始像今天它们已经成为的强大媒介集团一样行事。[31] 结果就是出现了许多乏味无聊的封面。内德·德鲁和保罗·斯特恩伯格写道："兰德的幽默活泼和库尔曼的自然随性逐渐消失，取而代之的是更有距离感、更冷酷且经过美化的公司项目。作为艺术创造者的神话般的设计师日渐式微，更加职业化的设计师纷纷冒了出来，成为企业机器传动装置上一个个高效的齿轮。"[32]

《麦田里的守望者》（1953），作者：J.D.塞林格，封面设计：詹姆斯·阿瓦蒂。

"当时我只有一个晚上的时间完成封面设计。由于斯坦利·库布里克莫名其妙地拒绝向我们提供宣传的新闻照片，我立即委托一位著名插图画家来帮忙。结果不仅作品令人无法接受，提交时间也令人无法原谅地推迟了，所以时间已经严重不足……我脑海中有一个非常清晰的图像，知道封面应该是什么样子，因此，我从美术部门领取了一些用品，飞快地回到我在海格特地区的公寓，亲自创作封面。我记得一个骑摩托车的快递员在凌晨4点30分送来了'清样'。另一位快递员早上7点来到我家，把作品送去了印刷厂。因此，我没有时间仔细检查封面，进行我认为仍然需要的细微调整和改良。所以现在，每当那张封面再出现，我看到的都是错误。但是，也许正是这些未完善处理之处让它散发一种魅力。谁知道呢？"

——大卫·佩勒姆谈他为安东尼·伯吉斯的《发条橙》创作的封面（右图）

ANTHONY BURGESS

A CLOCKWORK ORANGE

保罗·培根和
"大书相"。《圣徒杰克》
（*Saint Jack*，1973），
作者：保罗·索鲁，
封面设计：保罗·培根。

保罗·培根是在这一时期脱颖而出的设计师。培根开创了所谓的"大书相"，它是今天高级文学虚构作品和严肃非虚构作品的默认外观。（对有争议的文本来说，这也是一个安全的选择。）举例来说，属于"大书相"的有保罗·培根为约瑟夫·海勒设计的《第二十二条军规》、为梅耶·莱文设计的《蛊惑》、为威廉·斯泰龙设计的《纳特·特纳的自白》（ The Confessions of Nat Turner ）、为E.L.多克托罗设计的《拉格泰姆时代》（ Ragtime ）和为保罗·索鲁设计的《圣徒杰克》。与其他许多封面设计师不同的是，培根会阅读他要做封面的书的原稿，而不仅仅是梗概，这使得他能够反过来对作者的想法进行微妙阐释，而不会过多强加自己的观点。"我总是告诉自己，"培根说，"这场表演的主角不是你。作者花了三年半的时间来写这该死的东西，出版商还在这上面花了一大笔钱，至于你，往后退退吧。"[33]

直到20世纪70年代末，图书封面才开始呈现出典型的后现代特征。由洛林·路易设计的古典当代书系成了这种审美的典型范例，随着桌面出版系统的普及，这种审美也达到了高潮。正如戈德堡为《尤利西斯》设计的封面一样，后现代主义设计倾向于利用模仿画，而且十分清楚它的历史渊源。这种设计大多是不连贯的、拼贴式的，故意显得模糊和复杂，而且喜欢用常见字体，如Kabel。除了戈德堡的作品，艾普尔·格雷曼、丹·弗里德曼、洛林·怀尔德、弗雷德·马塞利诺、迈克尔·伊恩·凯伊和保拉·谢尔的封面也是后现代主义风格的典范。

按照雅克·德里达、让–弗朗索瓦·利奥塔尔和居伊·德波等激进思想家的说法，其中一些作品——特别是与克兰布鲁克艺术学院和设计杂志《流亡者》（ Emigre ）有关的作品——具有很强的理论性。总的来说，后现代主义哲学对"宏大叙事"和永恒意义持怀疑态度，而且它对被媒介图像包围的社会中的本质和现象之间的鸿沟有着清醒的认知。后现代主义设计师旨在用视觉术语来表达这些想法——让意义的偶然性和汹涌的图像流融入彼此。这种说法让这些设计师听起来像数字文化背景下的先知，然而他们并不总是被接纳。兰德活得够久，足以谴责后现代主义思潮的崛起。另一个现代主义者马西莫·维格纳利，对《流亡者》发起抨击，因为该杂志提倡设计师进行超智能的设计。评论家史蒂文·海勒称这种思潮具有"迷惑的概念性，实际上伪诗歌意象掩盖了它是一种不存在的观点的事实"。[34]

那么我们现在身处何方？在20世纪90年代和21世纪初，后现代主义在文学和其他艺术领域中都退到了幕后。正如艺术评论家哈尔·福斯特所说，后现代主义的退潮带来了视觉艺术中"真实的回归"：也就是说，艺术的回归是以实体和社交场所的物质条件为基础的。[35]与此同时，亚马逊取得了巨大成功，于1997年完成上市。几款新的设计工具也涌现出来，如Quark XPress、Adobe InDesign和Adobe Illustrator。这两项发展——后现代主义的衰落和数字技术与文化的崛起——定义了我们这个时代的封面艺术。假设如尼采所言，我们的写作工具塑造了我们的思想，那么我们的设计软件就塑造了我们思想的面貌。[36]某种设计工具的可供性让它们自身在潮流中可见，也会让某个具体时期、年份或历史时刻的封面设计具有同一特征。[37]

不过，最有趣的设计师并没有成为技术的奴隶，而是知道如何顺应新工具及其带来的趋势，也知道如何在忽略它们的情况下做设计。举个例子，从1987年桑尼·梅塔（总编辑）和卡罗尔·迪瓦恩·卡尔森（艺术总监）供职于克诺夫开始，多年来，在其创始人秉持的传统的基础上，克诺夫推出了不少极富创造力的封面设计。梅塔和卡尔森共同营造了一种氛围，使许多有才华的设计师得以茁壮成长。其他许多出版社——企鹅，斯克里布纳（Scribner），法勒、施特劳斯和吉鲁（Farrar, Straus & Giroux），小布朗（Little Brown），双日，维京等——也在企业环境中培育

"我确信，（在创立古典当代书系之前）在向基本上对书不感兴趣的公众展示一本书方面，出版商对其中最重要的影响因素关注得太少。封面根本不是最重要的事，否则它就会受制于平庸的品位，或根本不会受制于任何事物。当然，那时候制式化的设计在欧洲已经很普遍了，而且由于古典当代书系是全新项目，我希望人们能知道这些书属于一个系列，其作者有备受赞誉的彼得·马蒂森、雷蒙德·卡佛等，还有在我看来没有得到公平对待、被忽视的托马斯·麦冈安、詹姆士·克洛利，以及杰伊·麦金纳尼和理查德·鲁索等新秀。"

——加里·菲斯克乔，古典书系编辑

"艺术家马克·陶斯成功捕捉到了这本书的关键内容。图像具体的程度恰到好处。如果读者可以看清这个年轻人的脸，清楚地看到他的表情，就会过度确立这个形象。"

——杰伊·麦金纳尼，《如此灿烂，这个城市》（*Bright Lights, Big City*）作者

封面设计中的后现代主义。

对页：洛林·路易为古典当代书系设计的系列外观。

本页：卡琳·戈德堡为库尔特·冯内古特设计的封面。

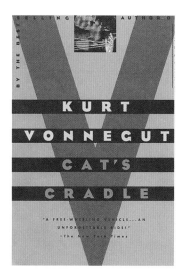

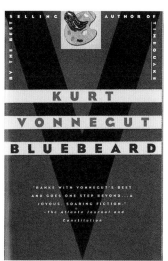

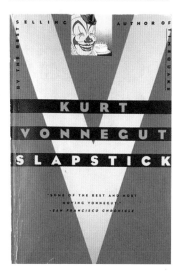

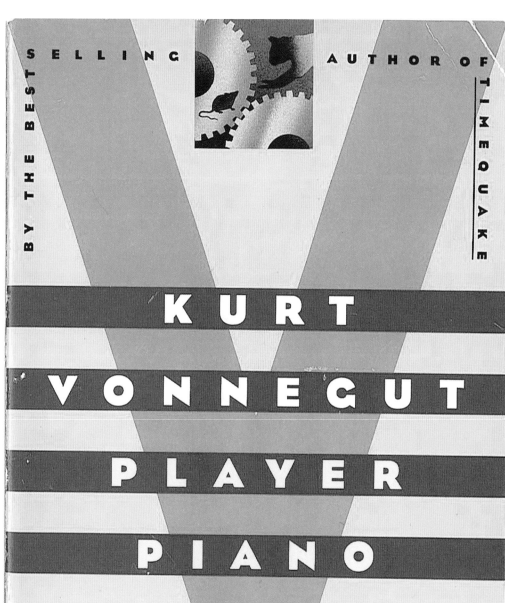

了优秀的设计，尽管一般企业环境具有限制性，且更注重销售。同样，较小的出版社——新方向、格雷沃夫（Graywolf）、锡屋（Tin House）、石弩（Catapult）、维尔索（Verso）和丑小鸭（Ugly Duckling Press）——也支持封面设计创新；有同样理念的还有一些大学出版社，如哈佛、杜克、普林斯顿和芝加哥出版社。另外值得一提的还有陆上行舟（Fitzcarraldo Editions），这是一家出版当代小说和长篇散文的独立出版社，其推崇的封面从本质上讲是反封面的。其封面不使用插图，只使用文字：封面蓝底

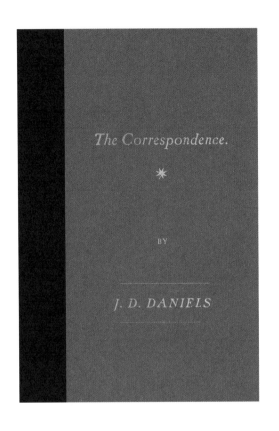

白字的是小说，反之则是散文。虽然这些封面很醒目，但它们不依靠视觉图像或如今封面设计中格外流行的（看似）手绘字体就能达到效果。珀尔塞福涅图书（Persephone Books）以几乎同样的方式制作无图封面，企鹅的《企鹅经典：小黑书》系列也是如此。

并非所有读者都接纳反封面的潮流。纽约独立书店麦克纳利·杰克逊（McNally Jackson）的老板萨拉·麦克纳利坦言："我曾经希望美国的出版商都能像法国人那样使用简洁的、只有文字的图书封面，但后来我的书店开始销售陆上行舟出版的书。那些书封的样子正是我之前想要的，这时我才意识到，过去我以为我想要的实际上并非我真正想要的。作为一名书商、一名读者，我发现那种封面令人困惑。我想要的是线索。"[38] 麦克纳利的观点是，关于你眼前是本什么样的书，封面图片可以瞬间传达你所需要的全部信息。她说："你可以通过果皮来判断一颗苹果，同样也可以通过封面来判断一本书。"虽然在无休止的信息流、图像流和数字文化垃圾的反衬下，极简主义风格的封面分外有吸引力，但对想要快速下载一本书的所有相关信息的消费者来说，它们或许过于平淡了。

总而言之，数字文化的出现迫使设计师变得非常有创造力，因为他们要吸引精明的网络用户的注意。如今，买书的过程通常以谷歌为起点，以亚马逊为终点。美国一半的图书购买都是通过这家网上零售商完成的，而封面设计也反映了这种趋势。现在许多封面上都有鲜明醒目的图案和粗大的文字，即便在最小的屏幕上看，它们都非常吸引人。同时，实体书也获得了新的地位：与20世纪中叶相比，作为一种有质感和重量的事物，实体书越发让人觉得珍贵了。自2013年以来，实体书的销量增长了11%。在巴诺书店和其他连锁书店走向衰落的同时，独立书店却在蓬勃发展。美国出版商协会的数据显示，2009年至2015年，独立书店的数量增加了35%。[39]

我们逐渐厌倦了屏幕时间，反倒开始喜欢这种怀旧的体验——在精心布置的书架间的过道上流连，触摸书籍的纸张，细嗅书香。作为一种实物，书籍是有可能丢失的，这使得我们对其外观和触感更加敏感。因此，封面设计师必须要有敏锐的设计头脑，不仅要让封面在移动设备和社交媒体上有上佳表现，还要让它在现实中提供令人满意的体验。如何做出这样的设计呢？第五章基本上圆满回答了这个问题。但首先，我们要探讨一下，图书封面作为艺术、设计和文学阐释的媒介到底发挥了什么作用。

The Complete Plain Words

Sir Ernest Gowers

对页：金妮为J.D.丹尼尔斯的《书信集》（The Correspondence, 2017）设计的封面；法勃、施特劳斯和吉鲁出版社。这封面的设计灵感来自约翰·济慈的《恩底弥翁》（Endymion）的老首插图，金妮解释："写济慈的作品一样，丹尼尔斯的书也散发着不加掩饰的感情、冲动和诗意。" 本页：欧内斯特·高尔斯爵士的《简明写作技巧大全》（The Complete Plain Words, 1983），鹈鹕图书，封面设计：大卫·佩勒姆。

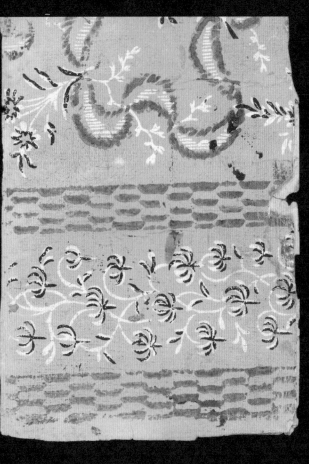

一些早期的图书封面。对页，左起顺时针方向：被重新利用并做成书封的侧壁碎片；水粉绘制的书封；有大理石花纹的皮质封面；
使用了刺绣工艺的封面。
本页：19世纪的书套。

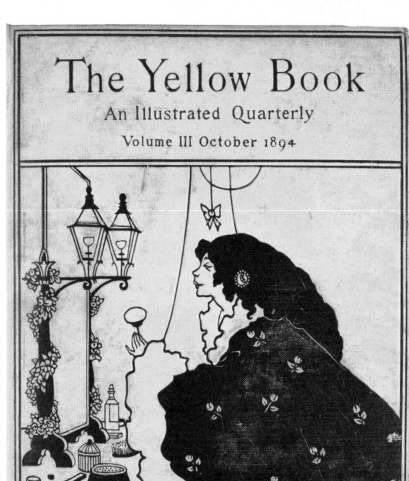

左起顺时针方向：《白日化装舞会》（*A Masque of Days*, 1901），作者：查尔斯·兰姆，设计：沃尔特·克兰。《黄皮书》第三卷（1894），封面设计：奥博利·比亚兹莱。《媒介维拉》（*Vera, the Medium*, 1908），作者：理查德·哈丁·戴维斯。《脚》（*The Feet*, 1871）。《直到最后》（*To the End*, 1898）。《我秋天的花园》（*My Garden in Autumn*, 1914），封面设计：凯瑟琳·卡梅伦。对页：《过于好奇》（*Too Curious*, 1888）。

在"一战"和"二战"之间的那些年里,封面设计在魏玛共和国和苏联的发展十分繁荣。德国和苏联的设计师们采用的许多套路和技巧在我们看来明显带有现代甚至是后现代的风格:从激进的排版、巧妙的视觉并置、奇异的制作效果到大胆的配色与渐变色的运用,无不体现了这一点。

《水泥》(Zement,1927),
作者:费奥多尔·格拉德科夫,
封面设计:约翰·赫特菲尔德。

《1920—1927年弗库特马斯的建筑》
（*Architecture of Vkhutemas, 1920—1927*），
作者：N.道库恰耶夫与帕维尔·诺维茨基，
封面设计：埃尔·利西茨基。

《关于两个方块：六座建筑物中两个方块的至上主义故事》（*Pro dva kvadrata*, 1922），封面设计：埃尔·利西茨基。对页，左起顺时针方向：《石头：第一本诗集》（*Kamen': Pervaia kniga stikhov*, 1923），作者：奥西普·曼德尔施塔姆，封面设计：亚历山大·罗德琴柯。《苏联装饰艺术与工业艺术》（*L'art décoratif et industriel de l'U.R.S.S.*, 1925），封面设计：亚历山大·罗德琴柯。《诗选》（*Selected Verse*），作者：尼古拉·阿谢耶夫，封面设计：亚历山大·罗德琴柯。"国家文学计划委员会，1925年"，设计：N.N.库普里亚诺夫。

О. МАНДЕЛЬШТАМ

КАМЕНЬ

ГОСИЗДАТ

L'ART DECORATIF

U.R.S.S

MOSCOU-PARIS 1925

ЛИТЕРАТУРНЫЙ ЦЕНТР
КОНСТРУКТИВИСТОВ

ГОСПЛАН
ЛИТЕРАТУРЫ

СТАТЬИ · СТИХИ

БОРИС АГАПОВ
И. А. АКСЕНОВ
КОРНЕЛИЙ ЗЕЛИНСКИЙ
ВЕРА ИНБЕР
ИЛЬЯ СЕЛЬВИНСКИЙ
Д. ТУМАННЫЙ

МОСКВА

Н. АСЕЕВ

THE MODUL

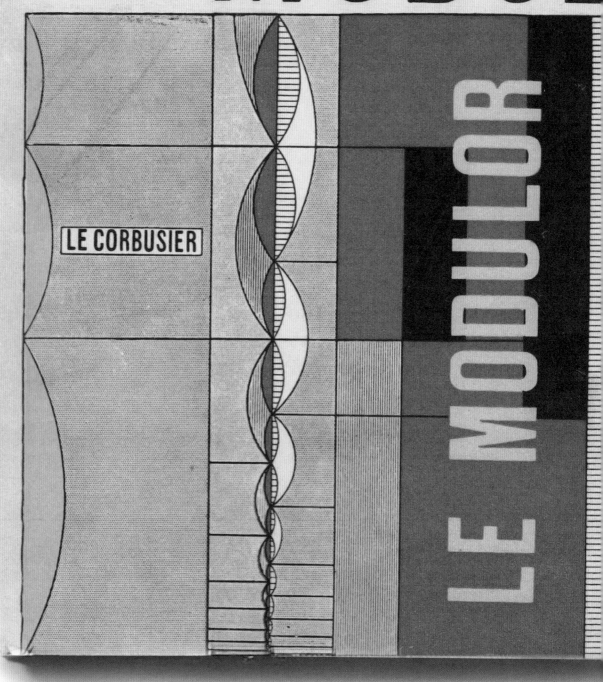

LE CORBUSIER

LE MODULOR

LE MODUL

Le Corbusier

《模度》（*The Modulor*），作者：勒·柯布西耶，封面设计：同作者。勒·柯布西耶的著名言论："空间、光线和秩序。这些是人们需要的东西，就像他们需要面包或睡觉的地方一样。"在《模度》中，他根据普通人的身体尺寸，精心建立了一套用于实现建筑布局和谐的测量系统。

NIA WOOLF

THE
OYAGE
OUT

凡妮莎·贝尔为
她的妹妹弗吉
尼亚·伍尔夫
的作品定制的
封面。贝尔的
作品曾让伍尔夫
不由感慨："你
的风格独一无
二，它如此真
实，也因此让人
深感惶恐。"

stories which Virginia W
published during her lifeti
was *Monday or Tuesday*, a
that was twenty-two ye
ago; it has been out of pr
for many years. Shortly bef
her death in 1941, she decid
to prepare a volume of c
lected short stories wh
should include most of th
originally published in *Mon
or Tuesday* as well as so
published subsequently
magazines and some hithe
unpublished. In the pres
volume Leonard Woolf l
attempted to carry out l
intention : it contains six
the eight stories in *Monday*
Tuesday, six stories which a
peared in magazines betwe
1922 and 1941, and six whi
have not previously appear
in print.

Price 7*s*. 6*d*. net.

This Jacket is designed by
Vanessa Bell

Three

years

the Waves
Virginia Woolf

DAL
VIRGIN

以下封面展示了艺术家如何以书封为媒介，模糊了艺术和设计之间的界限。对页：1940年亨利·马蒂斯为艺术杂志《活力》（Verve）设计的封面。

本页：1955年让·谷克多他的《可怖的父母》（Les Parents terribles）设计的封面。

"关于黑人的书，看似最不重要的部分——内封或护封——其实恰恰反映了黑人本身在公众想象中的形象。无论是受到设计元素暗示，还是经过具象画面呈现，大众对黑人的认知都会不可避免地影响到一部关于黑人的作品成书时的模样。当然，最终产品不是真正的血肉之躯，但它会形成一种印象——霍顿斯·J.斯皮勒斯将其称为有血有肉的象形文字，也就是会让我们联想到具象种族主体性的那些标志性的、空间性的特征。因此，黑人文学副文本指出，围绕着每一个设计选择，甚至那些本应与种族无关的设计，都是一次关于黑人的重新考量，都是一次冒险。"

——西川纪之（Kinohi Nishikawa），
图书历史学家

亚伦·道格拉斯为《新黑人》（The New Negro）选集设计的护封（右图）和内封（左图），该选集的编辑为阿兰·洛克，由阿尔伯特与查尔斯·波奈出版社于1925年首次出版。作为哈莱姆文艺复兴运动中的关键作品，《新黑人》将那个时代的黑人作家、知识分子和艺术家聚到了一起。作为一名艺术家，道格拉斯是这场运动的关键人物，还是20世纪最重要的封面设计师之一。尽管吉姆·克劳（种族隔离制度）时期的美国存在着许多种族不平等的现象，但他还是为兰斯顿·休斯、华莱士·瑟曼、鲁道夫·费希尔等作家设计了重要的封面。

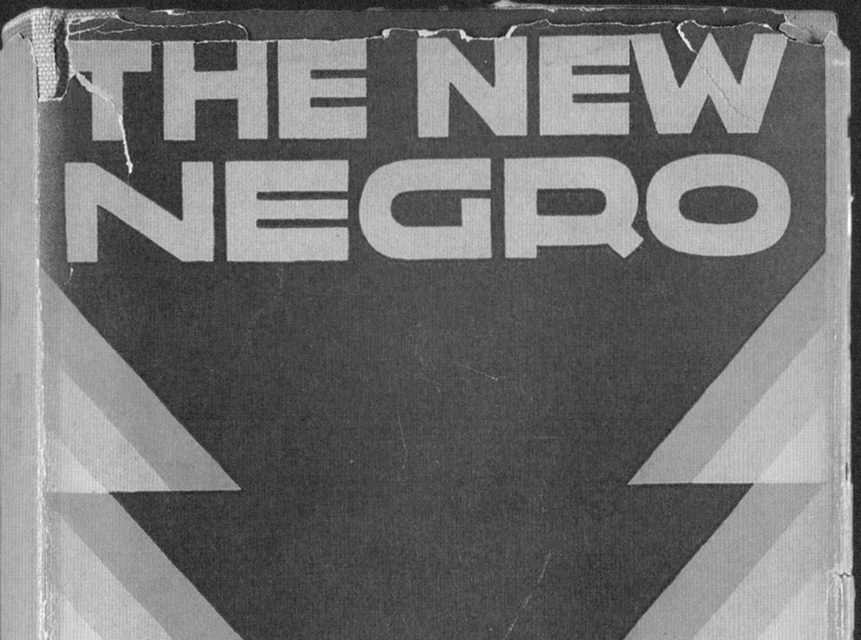
THE NEW NEGRO
EDITED BY ALAIN LOCKE

a new edition of a famous novel with a special
introduction by the author

BRAVE

NEW WORLD

BY ALDOUS HUXLEY

HARPER & BROTHERS ESTABLISHED 1817

E McKnight Kauffer

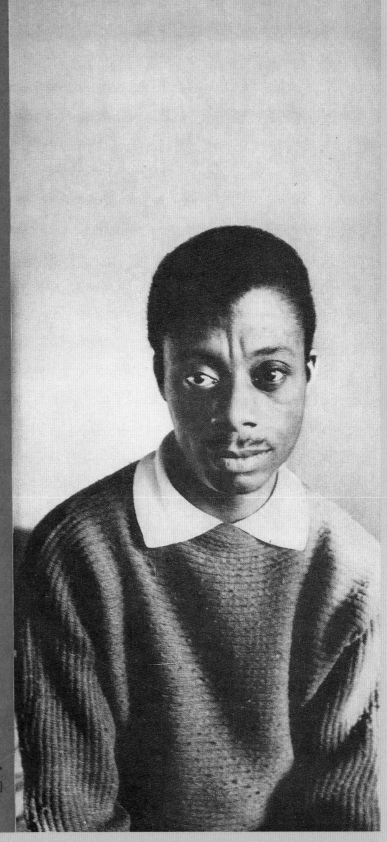

NOTES OF A NATIVE SON

JAMES BALDWIN

The Author
[photograph by Paula Horn]

对页：《美丽新世界》（*Brave New World*, 1946），作者：阿道司·赫胥黎，护封设计：E.麦克奈特·考弗。
本页：《土生子札记》（*Notes of a Native Son*, 1955），作者：詹姆斯·鲍德温，摄影：保拉·霍恩。

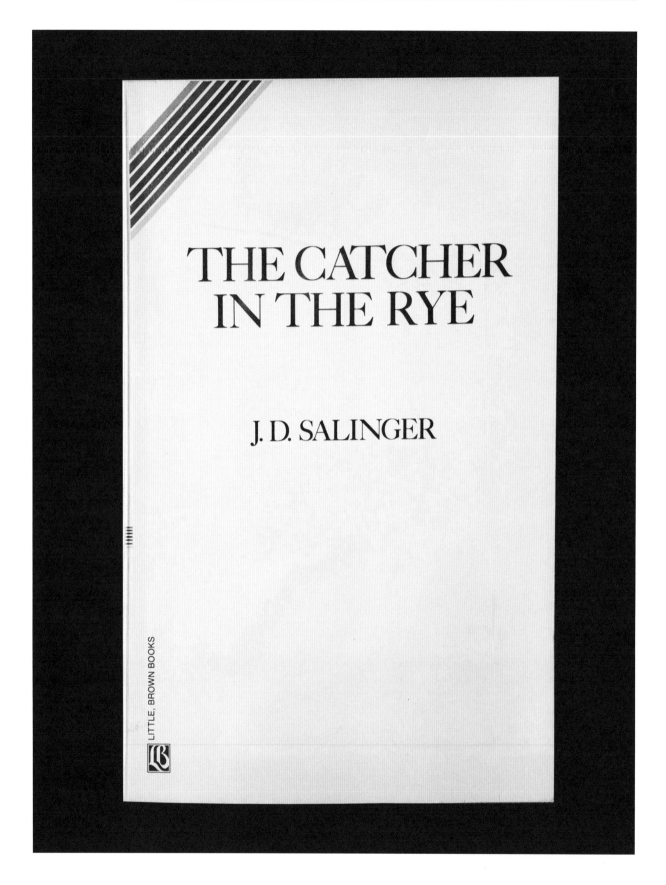

对页：E.迈克尔·米切尔为J.D.塞林格的1951年版《麦田里的守望者》设计的著名封面。米切尔是作者的密友。*上图*：1991年平装版。

《卡利古拉和其他三部戏剧》（*Caligula and Three Other Plays*），作者：阿尔贝·加缪，封面设计：乔治·朱斯蒂。

对页：《炽热的岁月》（*The Fervent Years*），作者：哈罗德·克勒曼，封面设计：保罗·兰德。

THE FERVENT YEARS

the story
of the Group Theatre

1931
1941

and the Thirties

1931   1941
by
HAROLD CLURMAN

Paul Rand

FERVENT YEARS

HAROLD CLURMAN

ALFRED A KNOPF

《假发》（*The Wig*），作者：查尔斯·赖特，封面设计：米尔顿·格拉瑟。对页：比尔·英格利希为1971年维京旗下指南针图书出版的杰克·凯鲁亚克的《在路上》（*On the Road*）设计的封面，该书首版于1957年出版。

a novel
by Jack Kerouac

ON THE ROAD

左起顺时针方向:《堕落》(The Fall),作者:阿尔贝·加缪,封面设计:阿尔贝·加缪,《被禁锢的头脑》(The Captive Mind),作者:切斯瓦夫·米沃什,封面设计:保罗·兰德。《旺洛夫人》(Mrs. Wallop),作者:彼得·德·弗里斯,封面设计:约翰·阿尔科恩。德·弗里斯,封面设计:梅尔·卡尔曼和格雷厄姆·毕晓普。《使女的故事》(The Handmaid's Tale),作者:玛格丽特·阿特伍德,插图:弗雷德·马塞利诺。

T7979 ✱ $1.50 ✱ 🐓 A BANTAM BOOK

In his heart he was not a man, but a wolf
of the steppes. The world-famous
novel of a man's struggle toward liberation.

Hermann
Hesse
Steppenwolf

《荒原狼》（Steppenwolf），作者：赫尔曼·黑塞，封面设计：威廉·A.爱德华兹。

虽然按照出版业惯例,作者和设计师在工作中互不干涉,但偶尔作者也有机会亲自设计其作品的封面,或者高度参与设计过程。上图:米兰·昆德拉为《小说的艺术》(The Art of the Novel)设计的封面。对页:君特·格拉斯为他的《比目鱼》(The Flounder, 1977)绘制的封面。

Günter Grass
The Flounder

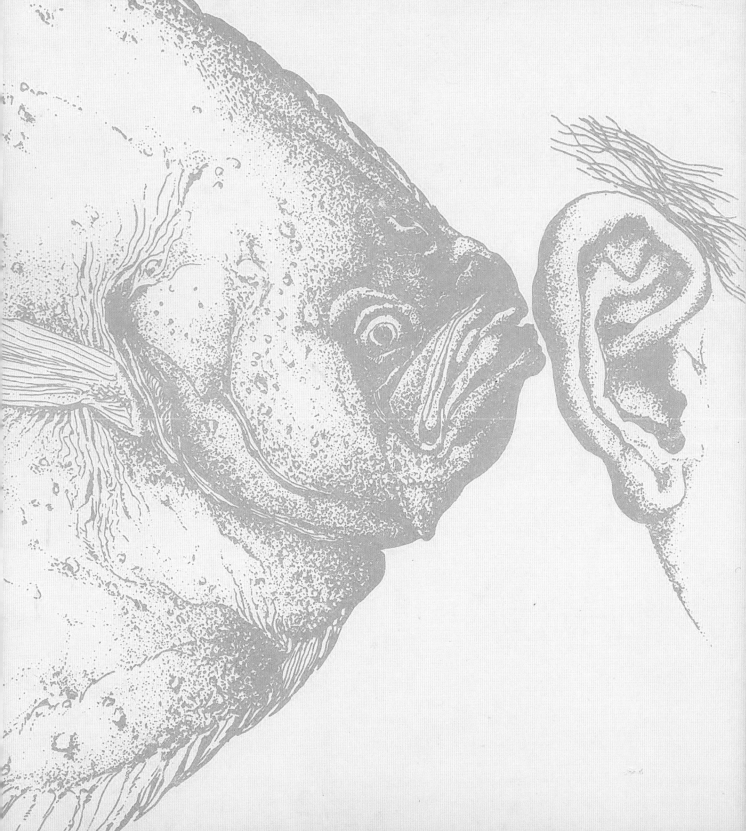

T2341

Richard Wright

"Wright's unrelentingly bleak landscape was not merely that of the Deep South, or of Chicago, but that of the world, of the human heart." —JAMES BALDWIN

BLACK BOY

A SIGNET BOOK   COMPLETE AND UNABRIDGED

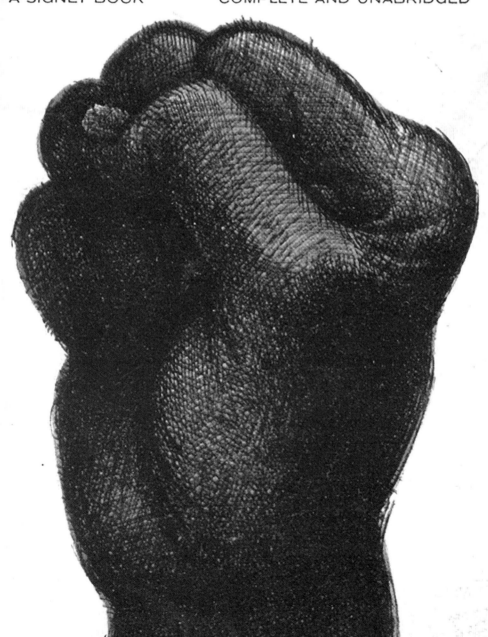

《阿特拉斯耸耸肩》（*Atlas Shrugged*，1957），作者：安·兰德，护封设计：乔治·索尔特，插图：安·兰德的丈夫弗兰克·奥康纳。

1041

THE
COMPLETE
BOOK

ERLE STANLEY GARDNER

The Case of the

One-Eyed

Witness

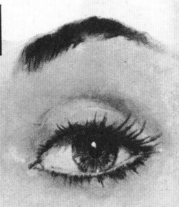

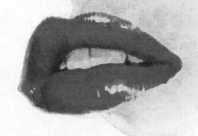

POCKET
BOOKS
INC.

A PERRY MASON MYSTERY

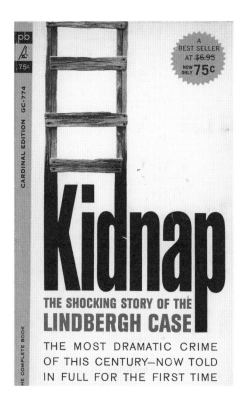

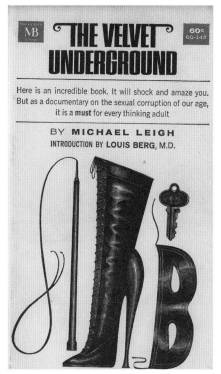

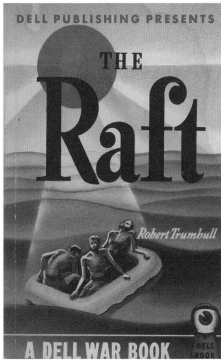

廉价纸浆书的伟大时代。对页：《独眼证人》（The Case of the One-Eyed Witness, 1955），作者：厄尔·斯坦利·加德纳，设计：佚名。《地下丝绒》（The Velvet Underground, 1963），作者：迈克尔·利，设计：保罗·培根工作室。《大难题》（Hang-Up, 1969），作者：山姆·罗斯，设计：詹姆斯·巴马。《筏子》（The Raft, 1944），作者：A.弗雷德里克森，设计：乔治·特伦布尔。本页，左起顺时针方向：《绑架》（Kidnap, 1962），作者：乔治·沃勒，设计：佚名。

151

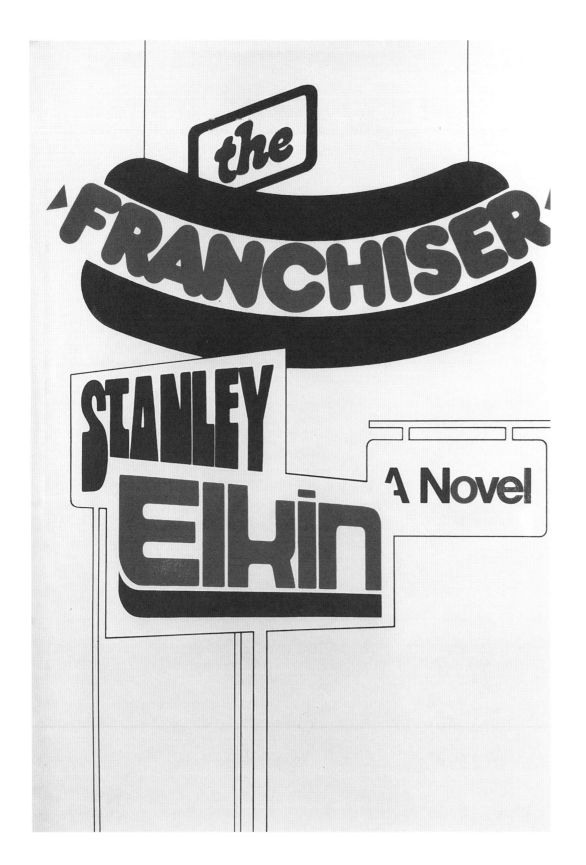

《经销商》（*The Franchiser*, 1976），作者：斯坦利·埃尔金，封面设计：劳伦斯·拉兹金。
对页：开创了"大书相"的封面。《盅惑》（*Compulsion*, 1956），作者：梅耶·莱文，封面设计：保罗·培根。

COMPULSION

a novel by MEYER LEVIN

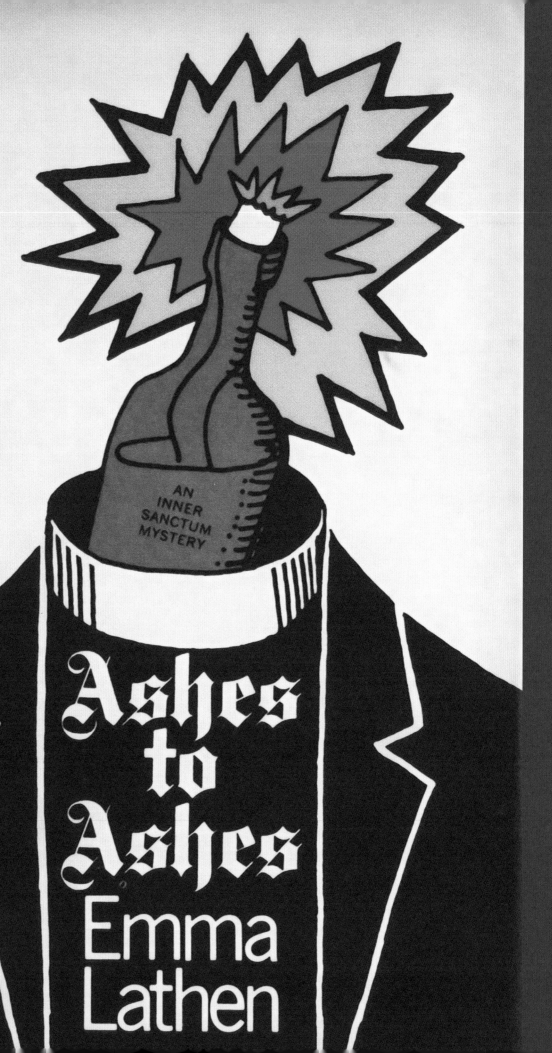

《尘归尘》（Ashes to Ashes, 1971），作者：艾玛·拉滕，封面设计：劳伦斯·拉兹金。

保罗·培根说："你根本无法想象为《约翰·契弗短篇小说集》（*The Stories of John Cheever*）这样的书设计护封要满足多少需求。"——《畅销书如何夺人眼球》（*How Bestsellers Snag Eyes*），《华盛顿邮报》，1981年

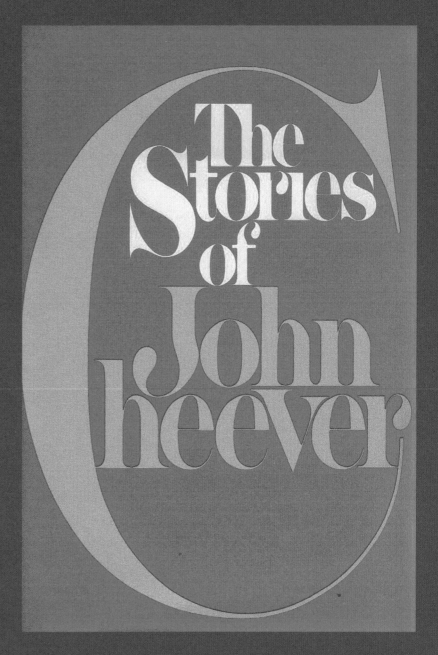

《约翰·契弗短篇小说集》（1978），封面设计：罗伯特·斯库代拉里。
"有时，一张护封的确会让寻找圣诞礼物的人感到高兴，罗伯特·斯库代拉里为市场表现非常成功的《约翰·契弗短篇小说集》设计的就是这样一款护封，它明亮的红色背景和巨大的银色字母C都十分诱人。"
——约翰·厄普代克，《纽约客》

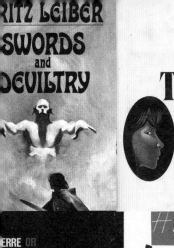

FRITZ LEIBER
SWORDS
and
DEVILTRY

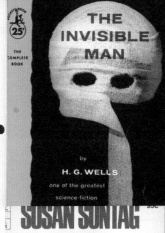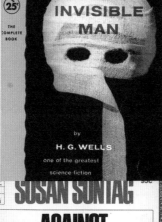

The
Other

THE
INVISIBLE
MAN

by
H. G. WELLS
one of the greatest
science-fiction

SEXUAL
POLITICS

A
SURPRISING
EXAMINATION
OF
SOCIETY'S
MOST
ARBITRARY
POLLY

Kate Millett

STEINBECK
OF MICE
AND MEN

PIERRE OR
THE AMBIGUITIES
NORMAN MELVILLE

H L Mencken

SUSAN SONTAG
AGAINST
INTERPRETATION

JOHN
LE CARRÉ
TINKER,
TAILOR,
SOLDIER,
SPY

Evelyn Waugh

NABOKOV

urrencies both beautiful and terrifying."
— The London Times

Transparent
Things

GROUCHO
AND ME

Tom Wolfe
The Electric Kool-Aid
Acid Test

Stronger Than
Passion

117
MONARCH
BOOKS
35¢

LAFCADIO'S
ADVENTURES

a nov

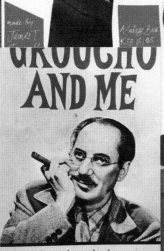

The Autobiography of
LAST YEAR AT MARIENBAD
text by Alain Robbe-Grillet
for the film by Alain Resnais
with over 140 illustrations
grand prize winner
Venice Film Festival

$3.95

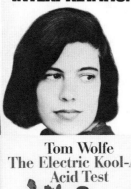
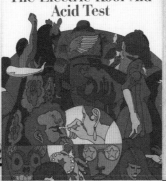

THE
COLOSSUS

GREEN ORIGINAL

T H E
TRIAL

norman MAILER
THE
NAKED
AND THE
DEAD

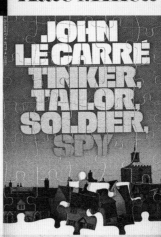

Money

MARTIN
AMIS

Axe
Ed McBain
An 87th Precinct Mystery

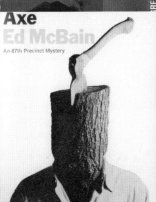

COME, THE RESTORER
A NOVEL BY
William Goyen

Kurt Vonnegut, Jr.
BREAKFAST
OF CHAMPIONS
A NOVEL

J. Robert Oppenheim

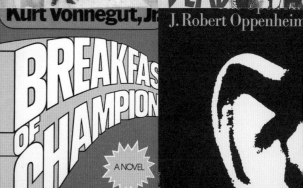

"伟大的护封设计会激发出一种超越视觉的境界，对设计师和逛书店的人来说都是如此，它能让人驻足：像是突然按下了暂停键，从而产生苏珊·豪所说的'视听冲击'。这是一种令人浮想联翩的冲击，带着一股同样不可言喻的力量，它营造出一种氛围，让人觉得仿佛可以召唤出一整个新世界——这种感觉很难准确地表达出来。联觉（synesthesia）或许可以解释一位伟大的书籍设计师在概念上的跳跃。显然，对一些人来说，联觉是童年时期第一次深入接触抽象概念时形成的。著名的联觉者有艾灵顿公爵、伯纳黛特·梅尔、艾萨克·牛顿、歌德和弗拉基米尔·纳博科夫［他谈到'色听（color hearing）'时说'我用图像思考'］。事实上，顶级设计师可能拥有形式最为罕见的联觉——抽象概念引发的感觉（ideasthesia）。不管怎样，他们肯定有第六感：像雪莉·杰克逊一样，他们'能看到猫看到的东西'。"

——巴巴拉·埃普勒，新方向出版社主编

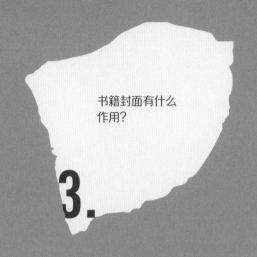

书籍封面有什么
作用?

3.

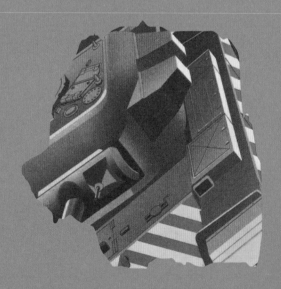

著名小说家石黑一雄收到他2015年的小说《被掩埋的巨人》（*The Buried Giant*）的美国初版护封时，里面包着一本书，却并非他写的这本。克诺夫出版社是将护封样品包在他们之前出过的一本书上寄给作家的。石黑一雄不习惯浏览以PDF文档形式发来的护封，更何况这次的护封为了模仿农民穿的粗麻布料用了压花工艺，其关键设计效果就体现在它的质感上，电子版无法传递这种感觉。于是，石黑一雄打开包裹后迎来了一次怪异的体验——明明看到的是自己的书，翻开却是别人的书，而且还是格伦·邓肯写的一本叫《最后的狼人》（*The Last Werewolf*）的书。

创作《被掩埋的巨人》这本书花了石黑一雄很长时间。他的妻子非常讨厌他在2005年写成的初稿，于是他暂时搁置这部长篇小说，转而去创作其他短篇。[40] 和石黑一雄的大多数作品一样，《被掩埋的巨人》通过令人昏昏欲睡的、平铺直叙的行文，达到了深刻审美的效果，有几分自相矛盾的意味。詹姆斯·伍德在《纽约客》中写道："他之前的小说《莫失莫忘》（*Never Let Me Go*，2005）中的某些段落甚至入围了一个叫'十大最无聊小说情节'的评比活动。"[41] 至于《最后的狼人》

这本书，可以用在它身上的评价性形容词可谓多如牛毛，但"无聊"绝对不在其列。你可以说它血腥、下流、愚蠢和幼稚，有时候还可以用扣人心弦、充满悬念来夸它。总而言之，邓肯的小说娱乐性十足。

"手提行李箱中还装着一个结实的透明塑料袋，被胶带缠得紧紧的，"《最后的狼人》中的叙述者杰克·马洛讲道，"袋子里是一张被狠狠揍过的脸。我从容地想象着此前可能发生的事。塑料袋的褶皱中蓄了一些血沫，像超市里真空包装的牛肉一样。"[42] 尽管石黑一雄的《莫失莫忘》已经非常吓人了，但其中完全没有这么耸人听闻和具体写实的恐怖描写。石黑一雄作品中的叙述者不怎么描述血腥场景，而且马洛和凯西·H[1]不同，他是个幻想出来的生物。"我习惯把人体看成是可以暴力拆分为各个组成部分的东西。"马洛提出异议，"一条被扯下来的胳膊对我来说没那么惨绝人寰，其实就像你看到一个鸡腿一样。"[43] 数百年来，他靠着自己认同的三个存在理由——食色戮——闯荡世界。但后来，这让他备受困扰。"突然间，我感觉很累，再一次消沉下去。"他抱怨，"时不时就有一种恶臭从我体内涌出来，那恶臭源于顺着我的食道

1　《莫失莫忘》的主人公。

对页：《被掩埋的巨人》（2016），作者：石黑一雄，设计：彼得·门德尔桑德，出版方：阿尔弗雷德·A.克诺夫。下图：《从祭祀到传奇》（*From Ritual to Romance*），作者：杰西·L.韦斯顿。伦纳德·巴斯金设计的这个封面（包括这本书中关于诺斯替教、象征主义和唯心论的主题）成了《被掩埋的巨人》的封面灵感来源。

溜下去的血与肉,让我把鼻子埋进去吃的杂碎,还有令我翻来掏去、大快朵颐的内脏。"[44]

我们不清楚石黑一雄是否津津有味地看过这本小说,毕竟它堪称文学界的万圣节糖果。不过,他确实翻了翻这本书,而且对他看到的和感觉到的都表示很喜欢。"这是有史以来我见过的最美的护封了,"他在回信中写道,"实在太感谢了⋯⋯我对你们卓越的构想感到由衷敬佩。"构想卓越,也许吧,但还是不够周全。在表达感激之情后不久,石黑一雄就向出版方提出了一个花销颇多的请求:刷边工艺。这个请求是受到了《最后的狼人》的启发。为了传达一种恐怖感,《最后的狼人》的三边都刷上了暗红色,像是书浸过血一样。随着你翻阅那些描写狼人性爱和人类被肢解的情节,你的手指也会被染成血红色。尽管邓肯的书只是被拿来临时替代石黑一雄即将上市的新作,但它还是激发了石黑一雄的灵感,使他想给自己的书也用上同样的刷边工艺。

《被掩埋的巨人》的故事发生在后亚瑟王时代的英格兰,和《高文爵士与绿衣骑士》(*Sir Gawain and the Green Knight*)的故事背景类似,但是其中几乎没怎么见血,所以装帧要与"狼人"一书不同,不能那么血腥:书边不能让人联想到掏肠挖肚的场面,而是要体现出石黑一雄故事世界里那份与世隔绝、岁月久远的气质。大面积烫金的护封会让书口刷金显得多余,而使用毛边纸又太老套了。不过,若是在页面边缘刷黑,尤其是采用那种在翻弄书口时会让人看到颜色逐渐由浓转淡的刷边方法,不仅可以让书显旧,还成功再现了书中的描写,即主人公埃克索和比特丽丝要面对大地上弥漫的一场迷雾,虽然没有浓到伸手不见五指,但从象征意义上讲,浓雾就意味着黑暗。

当然,《被掩埋的巨人》不必非要做这样的装帧。但是,所有小说总要选择一种装帧方式,而将一本新小说推向市场时,装帧方式确实有好坏之分。从最基本的层面上来讲,这就是书封的作用:它是文本的包装和框架;它让你开始对吸收

书中的内容做好精神上和情感上的准备;它还会激发你对这本书的期待。就在你瞟到封面的那一刻,哪怕只有一两秒,你都会进入文本与尘世之间、想象与真实之间的缓冲区。文学理论家管这个区域叫"副文本",而且在数字时代,缓冲区的范围无疑又扩大了。[45]过去,可以说副文本只包括实体书的封面、护封、扉页、版权页和正文前的其他印刷部件。而眼下,聊到文本与背景接洽之地、虚构的文学作品与现实交织之所时,就必须把许多其他元素也算上——亚马逊网站上的缩略图、数字营销活动、手提袋之类的周边产品。

封面设计师正是在这样的位置上工作。他们的设计不仅是广告,因为书籍不仅仅是商品。从潜在读者的视角来看,一张好看的图书封面就像

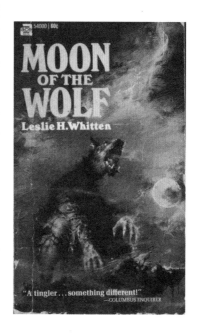

是一场旅行的邀请函,暗示你可以借此机会进入假定的故事世界。所以要给《被掩埋的巨人》刷上血色实在没有道理。也正因如此,尽管《最后的狼人》中出现了血淋淋的场面,但如果按市面上平装本的传统,用狼人的画面——一头血脉偾张的野兽抓着无辜的少女,满月之下,血与汗混合在一起,从二人身上流淌下来——来当小说封面,就委屈了这部小说。因为邓肯的小说要比传统意义上的许多同类作品都更文艺、更哲学。

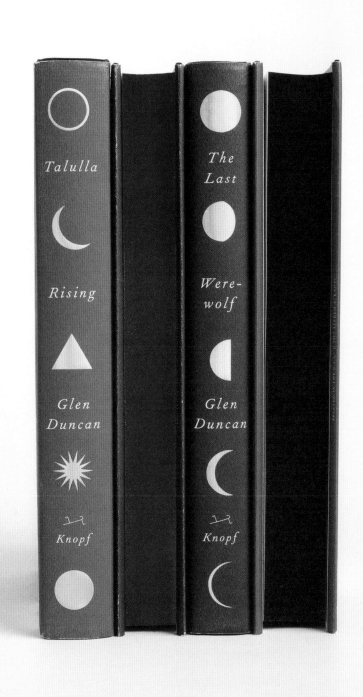

刷边工艺。《最后的狼人》和《塔露拉崛起》（*Talulla Rising*），作者：格伦·邓肯，设计：彼得·门德尔桑德。

"温德尔·迈纳……说，他们请他设计哥特小说的护封时，尽管一般这种书封面上要有破败的大宅、乡野风景和逃命的女孩，'但我告诉他们，要么是一张有大宅和风景的封面，要么是一张有女孩的封面，但二者同框万万不可。这么一来，我至少能有50%的机会做点有新意的设计'。"——维克托·S.纳瓦斯基，1974年，《纽约时报》

对页：《狼之月》（*Moon of the Wolf*，1967），作者：莱斯利·H.惠滕，封面设计：乔治·齐尔。

The Voyeur

Alain
Robbe-Grillet

左起顺时针方向：《窥视者》（*The Voyeur*）、《嫉妒与在迷宫中》（*Jealousy & In the Labyrinth*）和《橡皮》（*The Erasers*），作者：阿兰·罗伯-格里耶，格鲁夫出版社，2018年，设计：彼得·门德尔桑德。

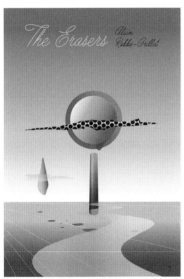

副文本对文本很重要,对我们来说也同样重要。作为白纸上的小小黑色符号,语言艺术很少能直接给人的感官带来愉悦。从这一点来说,它和绘画、音乐或电影不一样,在激活感官方面,后者比前者更直接。[46]画家可以运用色彩和明暗的对比,作曲家可以通过渐强的旋律让你的脊柱产生共振,而这两者电影人都能做到。(就连别人发来短信,首先俘获你双眼的也不是对方说了什么,而是短信闪现的样子。)在充满信息和刺激元素的世界里,语言艺术一定要以极富魅力的方式在大众面前亮相,而书封担当的角色就像狂欢节时通过叫喊招徕观众的人,即使只是轻声细语。书封有两个关键任务:一是宣布文本的存在;二是在想象与真实之间建立一个通道。这就是封面要做的事,十分重要,但不是全部。即便你已经开始读一本书了,它的封面还在发挥作用。一张好的图书封面会有长效缓释的特质,会随着你阅读的深入而有所变化。

不妨以格鲁夫出版社再版阿兰·罗伯-格里耶的小说时为其重新设计的封面为例,上面的超现实主义图案让人联想到萨尔多瓦·达利和路易斯·布努埃尔,封面为这些书和法国新小说建立了联系,阿兰·罗布-格里耶写的正是这类小说,它们也会让人想起视觉超现实主义的历史。[47]新小说拒绝一切在传统现实主义小说里能找到的情节、人物和主题,致力于表现现实生活的陌生感,不受文学与文化秩序的束缚。"每时每刻,"罗伯-格里耶说,"文化(心理学、伦理学、形而上学等)的边缘不断被加诸各种事物,赋予它们不那么陌生、更容易理解、更令人放心的一面。"他想要在文学中清除这种"边缘",准确呈现我们身边"顽固现实"的本来*面目*,而不是我们眼中习惯的样子。最重要的是,这意味着不把非人类的物体视为具有人类意义的容器,而仅仅是物体,其"表面清晰、光滑、完整,既不明亮鲜艳得令人生疑,也不透明"。[48]格鲁夫出版社的封面将罗伯-格里耶的这一目标可视化了,即在同一平面上安排客体与主体,并将它们真实地放在同一网格上,但不提供明显的逻辑来说明它们如何组合在一起。色彩斑斓却不艳丽,轮廓清晰却不透明,图形就这样被摆在那里。它们似乎没有任何隐喻或象征意义。然而,作为一种格式塔¹,每个封面都开启了一种不同逻辑的可能性,一种

1　心理学术语,有两种含义:一指事物的一般属性,即形式;二指事物的个别实体,即分离的整体,形式仅为其属性之一。

"企鹅科幻"系列中，J.G.巴拉德的《终点海滩》（*The Terminal Beach*），《不知来
处的风》（*The Wind from Nowhere*）和《被淹没的世界》（*The Drowned World*）
的封面，设计师为大卫·佩勒姆，他在1968年至1979年担任企鹅图书的艺术总监。

"我还留着早期的封面小样，我注意到其中一张的边缘处写着我做的笔记，
是在会议中潦草写下的，显然是来自J.G.巴拉德的建议。
上面写着：'丰碑式的/墓碑/没有一丝风的热核景观/地平线/时间不存在的地带……'"

——大卫·佩勒姆

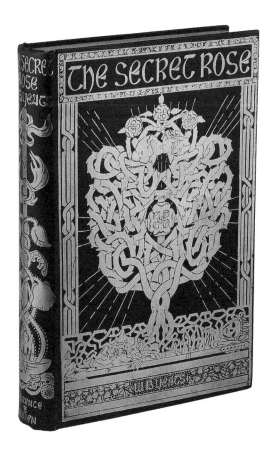

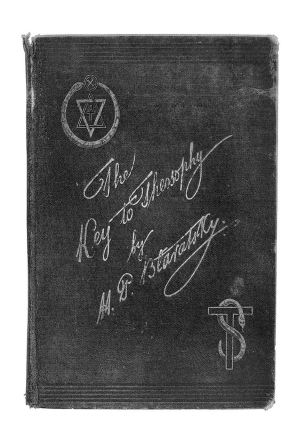

《秘密玫瑰》（*The Secret Rose*，1897），作者：W.B.叶芝，出版社：米德公司（Mead & Co.）。

《神智学的关键》（*The Key to Theosophy*，1920），作者：海伦娜·布拉瓦茨基。

不同的现实排序原则，甚至可能是一种超现实主义逻辑，只有在虚构小说创造的清醒梦境中才能实现。

如果说罗伯-格里耶作品的封面相当于以视觉形式出现的文学评论，那么石黑一雄《被掩埋的巨人》的封面就是让读者在"读懂"它呈现的内容上更进了一步。石黑一雄的这部小说背景设定在6世纪或7世纪的英格兰，不列颠人与撒克逊人之间的战争刚刚结束，一对年迈的不列颠夫妇——埃克索和比特丽丝——为了寻找离家已久的儿子，踏上了一场探险之旅。在旅途中，他们遇上了两个骑士：一个是年轻的撒克逊武士维斯坦，另一个是亚瑟王那举止有点滑稽的外甥——上了

年纪的高文爵士。途中他们碰上过食人兽、妖精、龙、士兵和一些阴森古怪的僧侣。书中最重要的情节点（这片大地上蔓延着一种集体性失忆）和关键主题（记忆和遗忘）都是由埃克索和比特丽丝称之为"迷雾"的东西引起的。最后，人们发现，"迷雾"其实是一头叫魁瑞格的暴虐母龙呼出的气，而让整个国家恢复丢失记忆的唯一办法就是杀掉魁瑞格。小说最后以魁瑞格被征服为结尾，然后新的历史时代开始了，人们要面对他们过去遗忘的记忆，还有他们为了填补空白而编造的记忆。事实证明，去神秘化对人们造成的影响有大有小。对埃克索和比特丽丝而言，这意味着他们会记起感情中的起起落落；对撒克逊人和不

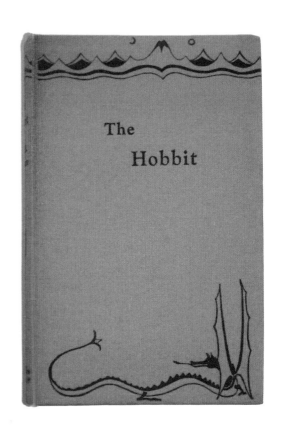

《霍比特人》（*The Hobbit*，1937），作者：J.R.R.托尔金，设计：作者本人。

列颠人整体而言，这意味着战争再次降临。"多少古老的仇恨将在这块土地上复活，谁又知道呢？"埃克索说，"巨人，曾被深埋地下，现在已经苏醒。"[49]

这个故事中的元素出现在了封面上。事实上，成功的封面通常都有某种视觉化的情节，可能是复现了书中内容，也可能不是。《被掩埋的巨人》封面的符号、图形和字体风格，部分灵感来自J.R.R.托尔金为《霍比特人》设计的封面。这些草图中有许多是奇幻作品和民间传说中的视觉形象。处于完成版封面中心位置的圣杯从一开始就很重要，同样重要的还有绘制在精装封面内侧（或环衬上）的地图。如果一本书中有地图，那它要么

是讲军事史的书，要么是奇幻类的书，再要么是福克纳的作品——两者兼有。换句话说，某些副文本的细节是类型的指示灯：它们可以告诉你，你手里拿的是什么类型的书。与所有抽象类别一样，类型也是不完美且易受影响的，没有哪一部奇幻作品能完美地代表奇幻这一范畴。没有一个类别可以完全描述它包括的任何一个实例。然而，类型确实或多或少为读者创造了持久性的期待，我们希望史诗中有英雄，爱情故事中有恋人，等等。书封将这些期待形象化。它们会摆出接触某一种文学作品的条件，对进入作者创造的世界是什么样子给出承诺或预警，不管这世界是虚构的还是真实的。

但是如果护封违背了它自身的条件，或者书籍许下了它无法实现的诺言，怎么办呢？《被掩埋的巨人》中没有葡萄酒杯，没有圣杯本身。换言之，克诺夫的护封上展示的图像是从未在正文中出现过——或者说几乎未在正文中出现过——的东西。这张图是根据小说后部的一个关键场景而画的。在该场景中，石黑一雄书中的主人公描述了一条在兽穴中睡觉的龙，那个兽穴就像一盏带边的酒器。

埃克索扶着妻子站到他身旁的岩架上，然后俯身到岩石上看。下面的坑比他想象的更宽、更浅——不像是直接从地上挖出来的，更像是干枯的水塘。大半个坑被暗淡的阳光照着，似乎全是灰色的石头和沙砾——到边缘兀然变成了焦黑的草。因此除了龙之外，眼睛能看见的唯一活的东西就是一片孤零零的山楂树丛，从坑内深处正中央的那块石头里冒出来，非常惹眼。[50]

这一段便引出了尼尔·高尔设计的地图，也就是克诺夫精装书环衬上的地图。不过，对读者而言，这段文字起到的是"艺格敷词"（ekphrasis）的作用，即以文述图。[51]你会先看到书的封面和地图，再读到这段对兽穴的描写。石黑一雄的文稿和成书的封面之间是什么关系呢？

问出这个问题意味着《被掩埋的巨人》的意义部分仰仗其封面设计。这么说似乎有些极端，因为毕竟我们习惯认为文学作品的意义与其成书的外观无关，可像石黑一雄这样的小说家如此投入于封面美学是有原因的。不仅因为让人印象深刻的封面可以促进图书的销售，还因为封面能在人们阅读前、中、后塑造读者接收到的文本。回到《被掩埋的巨人》这本书的例子上来，它的封面描绘了像圣杯一样的龙的巢穴。这种描绘让我们理解了石黑一雄这部作品中的重要元素。它帮我们搞清楚了令许多读者和评论家都迷惑

的问题——在他创作的奇幻小说中危险来自何处。通过转向奇幻，石黑一雄回顾了更古老的类型——传奇故事和史诗，我们今天知道的小说正是从它们演变而来的。作为一种艺术形式，小说既灵活又有包容性，它可以装下从现实主义小说到科幻小说、狼人色情文学，再到亚瑟王传奇故事的一切。通过写一部反派是龙的小说，石黑一雄最终产出的作品既不是典型的现实主义小说（这就是伍德把它称为一场"艰苦跋涉"的原因），也无法被算作真正的奇幻小说（这就是厄休拉·勒古恩说读这本书"令人痛苦"的原因，她还说感觉"就像看到一个人从高空钢索上掉下来时向观众们高喊：'他们会说我是走钢丝的吗？'"）。[52]不过，就像在他整个写作生涯中一直做的那样，石黑一雄将两种类型文学合成了一个新的类型。

这样一来，给该书设计封面就成了一项挑战。最后，封面在书的类型方面做出了两个承诺——"石黑一雄"的名字和"克诺夫"意味着这是一部文学小说；而书名和圣杯，还有托尔金式的图形则暗示这是一部奇幻小说。小说的文本也努力遵守着承诺。其实，封面还做出了一个承诺，而且书对这个承诺遵守得非常好：尽管《被掩埋的巨人》模糊了许多文学类型的界限，但它始终是小说。这一切那么恰如其分是因为石黑一雄的最重要的主题之一就是寻求及做出承诺的风险。"如果魁瑞格真的死了，迷雾开始消散，"埃克索恳求比特丽丝，"如果记忆恢复，你发现我曾经让你多次失望。或者我做过的坏事让你看到的不再是现在的我。那么，请至少答应我。请你答应我，公主，你不会忘记这一刻你心里对我的感情。"[53]

这下我们又得聊回到龙的身上，在富有英雄色彩但相当克制的高潮中，那条龙被骑士维斯坦杀死了。杀死魁瑞格意味着什么呢？这段叙事充满了重大意义，你可以将它理解为元小说的一刻，或者说是小说对虚构作品本身的身份进行评判的

一刻。文学小说家石黑一雄创造了一条龙,而这部小说的体裁唤起了历史上与它定义相悖的旧体裁;文学小说家石黑一雄杀死了一条龙,也让这部小说征服了那些旧体裁:史诗、传奇和奇幻。

但封面暗示了不同的阅读体验。从某种程度上来说,所有封面都是对文本的一种阐释,那么从这张封面中可以看到的是,龙死在圣杯中,因此血流出来时,就成了永生之血。石黑一雄"杀死"了类型小说,却让小说得以永生。要保持文化上的价值,小说必须反反复复地重塑自身,就像从初期开始的小说一直在做的那样。对于作为主流的现实主义小说,只有富有冒险精神的作家不断打破其界限、考验其极限,并且将其与其他讲述形式的故事融合在一起,现实主义小说才会受到强有力的挑战,从而保持新鲜。

为什么像石黑一雄这种备受赞誉的文学作者会想涉足奇幻小说?如何解释文学类型小说的崛起:以《被掩埋的巨人》和《最后的狼人》为例,这种新兴的混合型文学,即高度文学创作与常常被打上缺少深度的烙印的其他类型小说(如奇幻、科幻和恐怖小说)的传统风格融合,是如何流行起来的?答案之一就是,雄心勃勃的小说家在寻找新工具,以便把我们目前的社会与政治风貌写进小说中。差不多在六十年前,小说家菲利普·罗斯经常探索现实主义小说和类型小说之间的边界,在他的艺术创作中直面再现"现实"的挑战。"它让人目瞪口呆、几欲作呕、怒不可遏,"他写道,"最终,对一个人贫乏的想象力来说甚至是一种尴尬。现实在不断超越我们的才能,社会几乎每天都会像掷硬币一样抛出几个人物,都是些会让所有小说家嫉妒的人物。"[54] 这些话放在 1969 年、2016 年或者昨天也都毫不违和。毕竟,即使近些年,小说在捕捉现实方面也没有变得多容易。总有那么一刻,现实变得有些奇幻,传统的现实主义可能无法胜任表现世界或者呈现普世主题的任务。这就是为什么许多小说家开始尝试用新形式来讲故事。要让潜在读者一瞥之下就辨认出这些形式,这就要仰仗封面设计了。

"现实在不断超越我们的才能。"——菲利普·罗斯

左图:《反美阴谋》(*The Plot Against America*),作者:菲利普·罗斯,护封设计:米尔顿·格拉泽。
右图:《高堡奇人》(*The Man in the High Castle*),菲利普·K.迪克,封面设计:杰米·基南。

大众市场
悬疑小说，惊悚小说

1.

4.

5.

VINCI
DE

I BRO

OR OF ANGELS

Tom Clancy
The Sum of All Fears

#1 NEW YORK TIMES BEST
DEAN
KOONT

'A pulse-pounding thriller with echoes o
—*Publishers Weekly*

the
husband
A NOVEL

2.

DAVID
ALDAC
BY THE #1 *NEW YORK TIMES* BESTSELLIN
THE
ARGE

"A terrific storyteller." —*Cleveland Plain Deale*

SELLER
RK TIMES BESTSELLER LIST
KISS
THE
GIRLS
JAMES PATTERSON
AUTHOR OF *ALONG CAME A SPIDER*

3.

6.

JOHN GRISHA
THE
PELICAN
BRIEF

The sensat
bestseller
the autho
THE FI

1. 大号字体（作者、书名或二者都有）
2. 烫印
3. 封面引文
4. 较小的人影，幽暗的场景或假象
5. 暗色背景或渐变效果
6. 全部为大写字母

文学小说

……也是一种类型。而且辨识度很高。在过去的十多年里，出版商、营销人员、艺术总监和设计师
合作设计出了可以永远重复使用的文学小说封面范式，和其他范式一样简化。

1. 大号字体
2. 手绘（虽然主题上可互换）元素（大多数是装饰性图案）
3. 明亮的颜色
4. 满满当当的空间（这一点非常重要，因为这类封面在任何数字平台或店内广告上的尺寸都非常小）

以斯蒂格·拉森《龙文身的女孩》（*The Girl with the Dragon Tattoo*）（对页）的护封为例，人们可能会认为其护封与前面所说的"文学小说"类型的护封关系更近（尽管它的设计时间在这些"套路"出现之前）。论与"文学小说"类型护封之间的关系，那张护封要比本页这些北欧黑色犯罪小说封面的图案和配色更近。

类型对书的外观有着非常重大的影响。封面设计师的关键任务之一就是以具体的设计呈现抽象分类，让书的类型变得肉眼可见。这样做常常涉及使用*侵犯感最弱的能指*（least intrusive signifier）：可以传达关于文本内容的所有必要信息的视觉符号，而且能在达到这个目的之余做到不侵犯作者的构想。这个任务似乎非常简单易懂，就像在犯罪小说的封面上放血点子，在爱情小说的封面上放一对正在接吻的情侣一样，但在实际操作中可能会因为种种原因而使情况变得相当复杂。其一，书并不总是能正正好好地归入一个类型里，而且类型总是会换着花样去适应新的文化产品。其二，没有封面存在于真空中，

因此设计师必须在新意和熟悉度之间取得微妙的平衡。就算接吻的情侣对判断眼前的书是什么类型是非常有用的视觉线索，但不是每本爱情小说的封面上都有一对接吻的情侣，也不是全都看起来一个样。其三，针对一本书该如何分类和营销，围绕它忙碌的不同岗位上的人——作者、代理人、编辑、出版方、市场主管、宣传人员和设计师——的意见恐怕都会不统一。最近这些年，我们越来越难区分高雅文学（highbrow literature）和奇幻小说、恐怖小说之类的类型文学了。如今，克诺夫和班坦的门廊里四处游荡着狼人与幽灵。

与此同时，大多数有趣的当代小说中，许多都模糊了虚构和非虚构之间的界线。"我对写虚构人物的兴趣越来越小。"作家希拉·海蒂宣称，"因为编出一个虚构的人，让他经历一个虚构的故事，这似乎太无聊了。"[55]将类型视觉化并不一定意味着满足我们的期待，这就让事情变得更棘手了。一张书封必须能告诉你，你手中拿着的是哪种书，而且我们全都会预设某种书应该长什么样。然而，大多数成功的封面都是颠覆了我

们期待的那种。这类封面校准了精度和惊喜。它们促使我们以新方式看待事物，而且能正确呈现事物。

以克诺夫为斯蒂格·拉森《龙文身的女孩》（2008）做的护封为例，明亮的黄色背景上盘绕着一条龙的设计使它成了当代美国小说中最具标志性的护封。"它引人注目，而且与众不同。"克诺夫的总编辑桑尼·梅塔称，这正是他最终支持这版方案的原因，只不过对行业里的其他人来说，这张护封看起来"有些倒退"。[56]《龙文身的女孩》的成功让"北欧黑色犯罪"这一类型在世界舞台上拥有了前所未有的声望；现在，图书、电影和电视上已经可以广泛看到该类型的作品了。克诺夫的"文身"封面出现之前，瑞典犯罪小说就已经在利用几种现在为大家所熟知的封面设计套路来进行全球营销了：白雪

"你可以通过果皮来判断一颗苹果……"
——萨拉·麦克纳利，
独立书店麦克纳利·杰克逊的创始人

封面设计师的
关键任务之一就是
以具体的设计呈现
抽象分类，
让书的类型变得
肉眼可见。

《暴风火》（*Stormfire*，1984），作者：克里斯汀·蒙森，出版方：雅芳图书，封面设计：皮诺·德埃尼。

皑皑的大地、阴郁厚重的云层、血迹、鲜明的明暗对比，还有摆出各种痛苦姿态的抽象人影，这一切都是为了传递"北方"代表神秘、危险与绝境的普遍认知。[57] 从安徒生的童话到《权力的游戏》中反复出现的"凛冬将至"，对北方的这一认知早已成了国外读者阅读瑞典和挪威小说的主要动力。玛伊·舍瓦尔和皮·华卢夫妇、阿恩·达尔、哈坎·奈瑟、克里斯蒂娜·奥尔松和亨宁·曼凯尔的小说英译本的封面都是这类封面设计很好的例子。

不过，在挪威，国内的犯罪小说出版时并不会用带雪景的封面，因为当地人对他们自己的地域色彩并不十分感兴趣。可是，不管什么时候，只要某国国内的文学上升到了世界文学的地位，即本土文学现象引起了全球轰动，那它就会背上代表其地理意义上的发源地的重担。有些瑞典犯罪小说得到了翻译、出版并被纳入在国外大受欢迎的系列，如法国的"阿克特叙德"（Actes Sud）系列和意大利的"伊乐伽罗"（Il Giallo）系列，它们便为封面如何与地理环境和民族文化相互作用提供了很好的例子。确实，一部小说通常有好几版封面的主要原因之一是每一种地理和民族环境都需要其各自的视觉呈现风格。有的封面在北美行得通，在英国或别处可能就达不到同样好的效果。北欧日耳曼语系小说家，如拉森和尤·奈斯博，在全球取得的成功让我们不由得提出一个更根本性的问题：为什么是犯罪小说？世界上有那么多类型的小说，为什么这个类型在全世界范围内都如此受欢迎？从一方面来说，这一现象的产生是有一些外力作用的：犯罪耸人听闻，自带吸睛效果；另外，影响力巨大的出版公司对这些书进行了效果突出的营销和发行。从另一方面来说，还有一些内力作用使这种类型有广泛的吸引力。该类型小说的出现要从爱伦·坡在1841年发表的短篇故事《摩格街谋杀案》（*The Murders in the Rue Morgue*）说起，现代犯罪的叙事技巧对读者有着很高的调动性。首先，它会让你对案件的真相保持强烈的欲望；其次，它会尽可能推迟满足你这个欲望

……它会让我们渴望保持渴望。

三只企鹅和一只大猩猩。左起顺时针方向：《摩格街谋杀案》，作者：爱伦·坡，电影剧本版首版，出版时间：约1932年；"企鹅犯罪小说"系列，设计师：罗麦克·马柏尔。

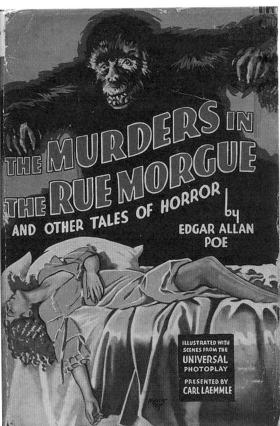

THE MURDERS IN THE RUE MORGUE

AND OTHER TALES OF HORROR

by

EDGAR ALLAN POE

ILLUSTRATED WITH
SCENES FROM THE
UNIVERSAL
PHOTOPLAY
PRESENTED BY
CARL LAEMMLE

Corpse diplomatique

Delano Ames

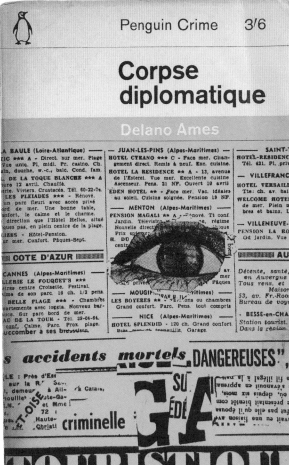

The weight of the evidence

Michael Innes

Hangman's holiday

Dorothy L. Sayers

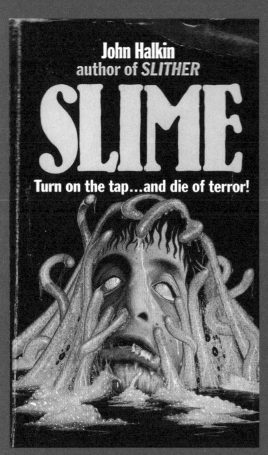

John Halkin
author of *SLITHER*

SLIME

Turn on the tap...and die of terror!

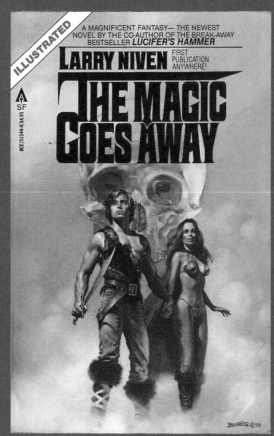

ILLUSTRATED

A MAGNIFICENT FANTASY— THE NEWEST
NOVEL BY THE CO-AUTHOR OF THE BREAK-AWAY
BESTSELLER *LUCIFER'S HAMMER*

LARRY NIVEN FIRST
PUBLICATION
ANYWHERE!

SF

ACE 51544/$4.95

THE MAGIC GOES AWAY

BORIS ©78

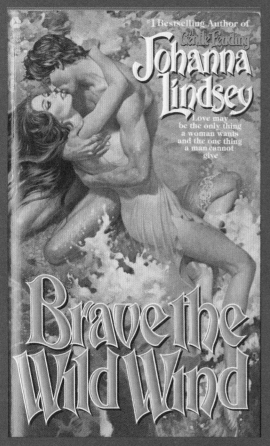

#1 Bestselling Author of
A Gentle Feuding

Johanna
Lindsey

Love may
be the only thing
a woman wants
and the one thing
a man cannot
give

Brave the
Wild Wind

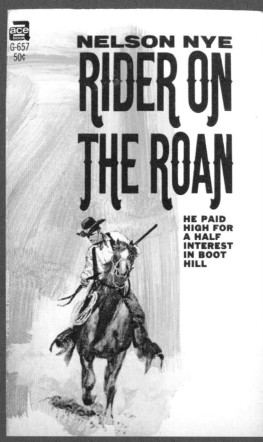

ace book

G-657
50¢

NELSON NYE

RIDER ON
THE ROAN

HE PAID
HIGH FOR
A HALF
INTEREST
IN BOOT
HILL

经典的类型文学标志。科幻小说[《第二基地》（Second Foundation, 1976），作者：艾萨克·阿西莫夫，封面画：克里斯·福斯。对页，左起顺时针方向：恐怖小说[《黏液》（Slime, 1984），作者：约翰·哈尔金，封面设计：伏ов；奇幻小说[《魔法消失了》（The Magic Goes Away, 1976），作者：拉里·尼文，封面画：鲍里斯·瓦列霍；西部小说[《杂色马上的骑手》（Rider on the Roan, 1967），作者：内尔松·奈，封面画：杰勒德 麦康奈尔；爱情小说[《勇敢面对狂野之风》（Brave the Wild Wind, 1984），作者：乔安娜·林德赛，封面画：罗伯特·麦金尼斯。

"侵犯感最弱的能指"就是可以让设计师在不妨碍其他设计形式的前提下，表明图书类型的元素。以下方的封面为例，对尤·奈斯博的《雪人》（*The Snowman*，封面设计：彼得·门德尔桑德）而言，那滴血就承担了向潜在受众透露图书类型的全部重任。

"侵犯感最弱的能指"

当然，对各种各样的类型而言，封面设计的范式并非一成不变；随着一种类型的接受度和受众的变化，其封面的设计范式也会有所变化。

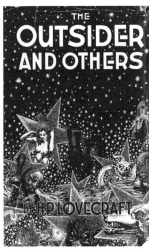

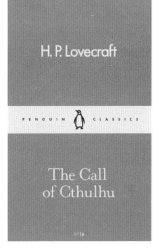

的时间，让案件保持悬而未决的状态。好的犯罪小说叙事技巧会让我们*既想破案又不想破案*：它会让我们*渴望保持渴望*。

一张好的图书封面可以起到同样的效果。封面必须能同时完成许多任务：包装文本、在文本和背景之间制造关联、让图书类型可视化、应对全球不同视觉文化的挑战——封面最重要的作用就是在不透露太多内容的情况下，让你想读那本书。如果像《被掩埋的巨人》这个例子里一样，封面会随着你的深入阅读起变化，像是为你手边的文本提供了自带的解读视角，这样的效果就是封面带来的附加福利了。

无疑，数字技术正在改变我们阅读和消费图书的方式，这意味着图书封面的作用也在变化。在今天的图书文化中，封面必须既能作为可点击的缩略图，又能作为不乏美感的精致物件。它们的诱惑力不仅要对注意力欠佳的线上顾客奏效，还要对线下书店中的谨慎买家管用。有那么一段时间，网上零售大有摧毁独立书店的趋势，然而这类书店的再度崛起说明我们依然爱着那种看到、摸到和闻到实体书的即时性。（诚然，在藏书家那里，新书的气味之令人陶醉不亚于新车的气味。）尽管我们有很多理由批评亚马逊和其他网上零售平台，但有件事值得我们铭记，那就是亚马逊成立之初是一家书店。根据作家兼记者布拉德·斯通的说法，杰夫·贝索斯是在读过石黑一雄的《长日将尽》（*The Remains of the Day*）[58] 后才产生了成立公司的念头。大家对网上零售商爱也好，恨也罢，它都将图书视觉文化的重要性提高到了前所未有的地位，但同时它也对封面的设计提出了新的限制条件。我们会在第五章探讨这些限制条件，但是首先我们得探讨，图书封面为什么以及如何在我们的时代具有社会和文化层面的新意义。

"于我而言，尽管我喜欢图书封面最主要的原因是它们给我带来了乐趣，但我也要强调一下，它们具备各种各样的功能。如果是一本陌生的书，那么它的封面就像一首小调诗一般，能让我对它的整体氛围有大概的了解。如果是一本我读过或者爱过的书，那它的封面就成了我阅读体验的一部分，就像我对童年喜欢的封面有种情感依恋。我一直嫉妒艺术家和他们的工具、画笔、照相机和绘图笔。作家手里可没什么有趣的物件儿：只是遣词造句，用的是最基本的工具，与写成你每天收到的垃圾邮件所用的工具相同。图书封面让我从无处不在的词句中解脱出来，释放了一些压力。封面把文字作品与视觉资料联系起来，设计出色的话，还能把书中文字提升到艺术的高度，或者至少可以让读者明白，这是一次特别的阅读体验，起码比读你的电子邮件更特别。"

——艾玛·克莱因，
《女孩们》（*The Girls*）作者

"到头来，没人会买一本书的护封。"
——约翰·厄普代克，《纽约客》

为什么书籍封面
很重要?

4.

为什么书籍封面很重要？
任何关于此事的讨论
都要从承认它的矛盾状态开始。

从一方面说，书封无非是让人眼花缭乱的视觉文化中稍纵即逝的图像；从另一方面说，书封和别的图像不同，它不同寻常、别具特色，其意义和功能取决于展示的环境和受众。有人可能会说，书封微不足道，往好了说是没有必要，往坏了说是分散注意力又令人扫兴。和批量生产的物品一样，图书封面缺少像油画和雕塑之类的纯艺术的独特光环。可不管怎样，图书封面还是很重要的，在文学文化内外均是如此。作者、代理和编辑都希望他们的书以恰如其分又美丽的面貌呈现在世人面前。设计师则希望他们的作品足够突出、有原创性，又能给人留下深刻印象。出版方希望图书封面能引起媒体的关注，从而带来销量。另外，说到读者，当然了，他们并不仅仅是读者，还是把书用作除了明显的阅读对象以外其他功能的人——装饰家宅、在社交媒体上分享，还彰显自己的品位、生活方式和个人品牌。就像美食、服装或热带海滩的照片一样，照片墙（Instagram）的"书架自拍"多少揭示了你是怎样的人或者你希望成为怎样的人。

这样来说，书的封面就是能构筑图像的图像，其构筑的是你的图像，包括你的兴趣、欲望、思想与感受、文化、社会与政治身份。作为图像，它们能够在媒体平台和频道上广泛传播，它们也

确实是这么做的。我们知道，当一张图书封面跳出文学领域来到时尚世界，比如成了环保袋或者T恤衫上的图案，它就已经具有了真正的标志性。这类封面似乎有它们自己的生命。脱离图书之后，它们不再有我们在前一章中探讨的种种功能了，反而主要成了自我表达的媒介。

图像是什么？这个概念很古老，可以追溯到亚里士多德的《诗学》（*Poetics*）里解释的"opsis"[1]的古希腊概念。多年来，经过哲学家的打磨，图像的基本定义就是通过感官上的相似性来表示某种事物的符号或象征。[59]以一棵圣诞树的图像为例，它和真正的树映入我们眼帘的方式都一样，对于感知者来说，它的颜色、质地和形状模仿了森林中的弗雷泽冷杉。但是书的封面模仿了什么呢？这个问题可不容易回答。除非封面的图像在书的正文中有出处，否则它绝不仅仅是在感觉上模仿封面下的纸质书页。当封面描绘的是一种实实在在的东西时，比如一个人物、一片雪地、一种生物、一件武器，那么它指的不仅仅是世界上的某个物体（比如森林中的一棵树），还指存在于其他地方的某个物体：因为作者的字句，曾短暂停留在设计师精神空间中，并且在那里得以被塑造的物体。

换言之，书的封面是一种模糊的指涉。所有的图像都指涉某物，但是如果说书的封面仅仅指

---

1 戏景，人物的装扮，属于摹仿的方式，来自扮演，可泛指一切与视觉有关的演出实际，不单是布景。

涉了它包装的文本,那未免太简单了些。大多数书的封面指涉的都是与其所属类型相关的事物、文化比喻、可能和文本仅有微弱关联的想法和感受。让情况变得更复杂的是,图像既是一件事物,又是一种象征;它同时既是可感知的种种属性(如颜色、形状和质地)的聚合体,又是对与之相像的另一事物的比喻表达。的确,就连最简单的图像都具有C.S.皮尔斯称之为"第一性"(firstness)和欧文·潘诺夫斯基称之为"前图像质性"(pre-iconographic qualities)的属性:在思考一幅图像代表什么之前,我们已经能即刻感知到的元素。[60]

平面设计师彼得·柯尔在一本先驱性的护封设计师指导手册中展开解释了"第一性"的概念。他写道:"第一眼接收到的设计的属性都是抽象的:颜色、形状、线条和图案,其后才是这些抽象事物的意义。"只有在我们感知到这些属性之后,才能开始将它们作为格式塔来理解。柯尔还说:"这些抽象的特质是每个设计师都要有的工具,而且要想成功运用它们,必须对和谐、平衡与韵律有一种直觉。"[61]因此,和每幅图像一样,书封有着双重身份:它既是它本身(如纸张、墨水),又是其他事物(比如雪景)。不过,面对一部有争议的书稿,装帧设计师可能需要预先将"相似点"或"相似物"屏蔽在外,以便制作出一张只像它本身的"前图像化的"图书封面。有些书的封面设计做到了尽可能地朴素,(非要说像什么的话)就像图书馆里的滞销书那样毫无装饰元素可言的精装封面。此时想到的还有其他例子,为《我的奋斗》(Mein Kampf)设计什么样的封面才对?在#MeToo[1]时代,该如何给《洛丽塔》设计封面?

---

1 美国反性骚扰运动,女星艾丽莎·米兰诺等人于2017年10月针对美国金牌制作人哈维·韦恩斯坦性侵多名女星丑闻发起的运动,呼吁所有曾遭受性侵犯的女性挺身而出说出惨痛经历,并在社交媒体贴文附上标签,借此唤起社会关注。

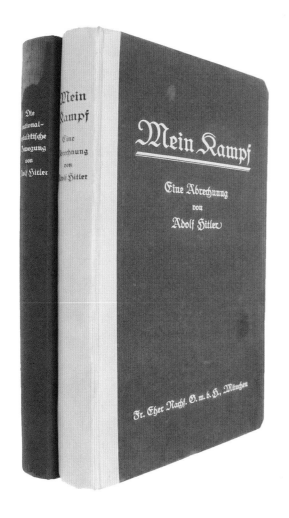

阿道夫·希特勒的首版《我的奋斗》。

PENGUIN BOOKS

GEORGE ORWELL

COMPLETE   UNABRIDGED

"我做的第一件事就是清点'存货'，看看已经有的都是哪些。现存《一九八四》（Nineteen Eighty-Four）的封面数不胜数，书店里近期出版的版本也不少。因此这个过程很快从'我能如何设计？我该如何设计？'变成了'我不能如何设计？我不该如何设计？'。

"我知道在没有企鹅封面模板的情况下，我的想法是无法落地的。否则就没有'入口'了：没什么熟悉或给人慰藉的元素能对抗修订本的粗陋。而且这本书需要广为人知，来避免这种级别的颠覆：如果潜在买家没有读过这部作品，他们得大概率上仍然看得明白封面要传达的信息。（'完整版'和'未删节'这行字让企鹅版看起来多少像错误信息传播的同谋，我喜欢这一点。企鹅竟然允许我做出品牌伤害程度如此严重的封面，我要对他们表示深深的感谢。）

"我要说的最后一件事是，企鹅明白集体效应的力量：如果这一版封面上的关键信息被隐藏了，那你可以在它附近的另一版上找到这些信息。对顾客而言，要勤快些做出这样的行动可不是一件容易的事。"

——大卫·皮尔森谈设计乔治·奥威尔的《一九八四》

对页：《一九八四》（2013），作者：乔治·奥威尔，企鹅图书，封面设计：大卫·皮尔森。右图：同一出版方于1962年出版的同一部作品，设计：杰尔马诺·法塞提。

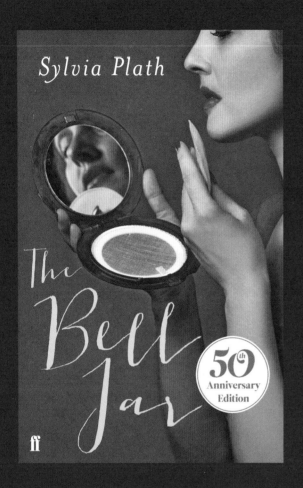 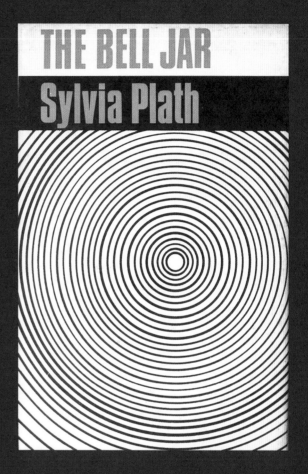

西尔维娅·普拉斯《钟形罩》的两版封面。左图：费柏与费柏出版社推出的五十周年纪念版因利用了性别刻板印象，将普拉斯的经典之作重新包装成小妞文学而受到了广泛批评。右图：费柏早期出版的《钟形罩》，封面抽象的设计传达了小说的两大主题：迷失和焦虑。

　　这类问题一下子问到了为什么书封很重要的核心，因为它们能提醒我们，这些似乎微不足道的东西，即对它们呈现给世界的文本无关紧要的图像，在道德伦理和政治上有着重大意义，尤其是在动荡时期。一部分原因是图书设计横跨了艺术和广告两个领域。"广告"一词源于拉丁词"*ad verte*"，意思是"转身向着"，作为广告的一种，书封需要人们的注视。因此，设计师不仅要对出版方和作者负责，还要对浏览封面的大众负责。作为图像制造者，封面设计师在决定新旧文学将以何种面貌面对世界上起着关键作用。顶尖的设计师完全可以创造出这样的封面——既迷人又引人思考，或许还有些巧妙之处，而且总是不乏对社会环境的敏感。但设计师并非总是这么成功。举例来说，费柏与费柏出版社出版了西尔维娅·普拉斯的《钟形罩》（*The Bell Jar*，2013）五十周年纪念版，其封面遭到了广泛批评，因为它以刻板的女性符号——明艳的红唇、粉盒和精心修过的指甲——严重歪曲了文本。

　　这张封面非但没有为普拉斯的经典作品带去焕然一新的面貌，还落入了性别刻板印象的俗套，明显想把这部作品重新包装成小姐文学（chick lit）。某位记者写道："没听说过这本书的读者怎么也不会想到它有着文化方面的重大意义，也不会想到它的作者在英国版面世的几周前自杀了。"[62] 人们总是喜欢熟悉的事物，喜欢过去行得通的东西，这就导致封面设计中容易误导读者的套路被一再重复和强化。这样的例子有很多：凡是"关于非洲"的书，一定要有金合欢树；凡是"关于伊斯兰教"的书，一定要有蒙着面纱的女人；凡是"关于南亚"的书，一定要有泰姬陵。[63] 为什么这样的套路一直存在？说起有金合欢树的封面，似乎是因为迪士尼的《狮子王》（*The Lion King*，1994）对西方人视觉化非洲大陆的方式产生了重大影响。就连奇玛曼达·恩戈齐·阿迪奇埃的《半轮黄日》（*Half of a Yellow Sun*，2006）——讲述尼日利亚内战时期的小说——都受到了同等待遇，尽管事实上，就像作家兼批评家杰里米·韦特在推特上的讽刺性言论一样，"尼日利亚可不是以金合欢树闻名的"。也许西方人就是觉得配上这样一幅图才舒心，因为这个选择安全，它通过一种易于理解的模式呈现了"他者"（otherness）。

　　不过，讽刺的是，这类封面的目标往往是驯化"他者"。毕竟，读书是接纳不同的、外来的甚至危险的观点的最好方式之一。相应地，最好的封面并不会把力道用在以容易消化的形式包装难以下咽的思想上，它们会直截了当地抓住文本中最具挑战性的材料。在有些案例中，封面甚至呈现出其自身的挑战。以传奇封面设计师奇普·基德为例，他为大家翘首以盼的里士满·拉蒂摩尔译的《新约全书》（1996）设计

普拉斯最初于1963年以笔名出版了半自传体的小说《钟形罩》。

的封面公布时，立时引起了广泛的争议。也许，他在示意这张作品其实根本没有亵渎神明的意思；也许，它的意思更模棱两可，可以从各种角度来诠释。

说到具有挑战性的封面，有个时间更近同时也非常特别的例子，那就是尼克尔森·贝克的《检查站》（Checkpoint，2004）的封面。有书评家给它打上了"下流的小书"的标签。《检查站》讲述了一个想刺杀时任美国总统乔治·W.布什的男人的故事，他想这么做是为了解决美国的种种社会问题。[64]尽管《检查站》是一部虚构作品，但从主人公讲述他的刺杀计划开始，书中情节给人的感觉有些过于真实了，也正因如此，小说引发了热议。这本书是在伊拉克战争打得如火如荼的时期出版的，还没在大范围内开始销售，它就招致了两极化的极端评价。因此，封面必须在高度敏感的政治背景下表现困难甚至具有煽动性的主题。出版方否定了几版夸张离谱的设计方案，包括一版将布什的头画在靶心上的设计。最后，该书首版的最终封面画了一个靶子，靶子中央是一个图钉：这是书中描述过的一个物品，但也是一种隐喻，它引发的问题比给出的答案更多。"图钉代表谁？"书评家莎伦·阿达罗问，"那个图钉代表谁？书中的刺杀对象布什？还是作者？因为'针头'（pinhead）的意思是，对任何一个有笔的人来说，写书都是一种毫不费力的恶意中伤手段。"[65]

的确，一张封面应该提出一些问题。最佳的设计往往是简单的，但"简单"不能等同于"（把问题）过于简单化"。当一张封面迫使你看上第二眼，再多想一下或者停下脚步开始思考，这说明它尊重你的智力，尤其是当这张封面描绘的是敏感主题时。当一张封面真的用一种原创的方式全力应对那个主题，而没有用老掉牙的套路来阐释该主题，那么它就在启迪世界方面发挥了很小的作用，引发受众更深入地思考接收到的观点和刻板印象。尽管书籍面对着许许多多的阻力，但它们在今天依然非常重要，这难道不就是原因吗？如果阅读是改变你视角的一种方式，能让你透过不同的眼睛看世界，那么这个过程就应该从书的模样开始。

《检查站》，作者：尼克尔森·贝克，
护封设计：彼得·门德尔桑德。

关于尼克尔森·贝克的
《检查站》护封下
印什么的提案。

"如果一本书对公共道德有所冒犯，那么一张伟大的封面会为它做最好的辩护。看看米尔顿·格拉泽为《兔子，跑吧》（*Rabbit, Run*）（左图）设计的封面。分割的画面告诉了我们什么？'兔子'是一个非常规的、被新浪潮派影响的主人公，以自我为中心，同时又在他的人际关系中十分渺小。他情人的身体既性感诱惑，又受到指责。这本书是关于性的，它很时髦，里面还有一个男性主人公（封面告诉我们的），但这并不意味着它是色情的。或者以布朗约翰-谢玛耶夫-盖斯玛（Brownjohn, Chermayeff & Geismar）为《茫茫黑夜漫游》（*Journey to the End of the Night*，参见第227页）设计的封面为例。乍看之下，这是一张解剖图；细看之下，才发现是一张作战地图。于是，突然之间，我们面前出现了一部经过乔装打扮的战争小说。我们不仅需要看到叙述者内心的暴力，还要看到他之外的暴力，来自上面的威胁。这两个例子中，封面图都是经过精心设计的，但看看保罗·培根为《波特诺伊的怨诉》（参见第8页）所做的，只使用了生动有趣的字体和黄色的背景。这张封面是关于双关语、内部笑话、游戏精神——审查人员希望你忽略的东西——的。"——洛林·斯坦，编辑

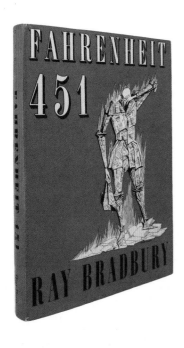

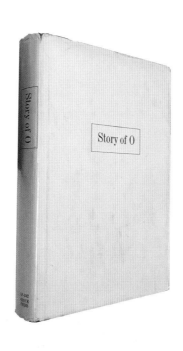

左图: 争议巨大的文本的封面。《华氏451》（*Fahrenheit 451*），作者：雷·布拉德伯里，封面图：约瑟夫·穆格奈尼；《O的故事》（*Story of O*），作者：波莉娜·雷阿日，设计师佚名。

"我一直说，关于这张封面，我最喜欢的地方就是，所有不雅的元素都已经坦露在看它的人眼前了。当我把它给学生们看时，最初有约三分之一的人除了房间的一角什么都看不出来。他们都是心智健康的人。书籍的封面相当小，而且并非是动态的，所以如果你能让一幅画面突然变成两幅，就相当于将封面扩大成了原来的两倍，从某种角度上让观看者也参与了进来——他们成了这整件事的共谋者。事实和数字很棒，但事情变得令人困惑或者模棱两可时才更有趣。"

——杰米·基南，弗拉基米尔·纳博科夫《洛丽塔》的封面设计师

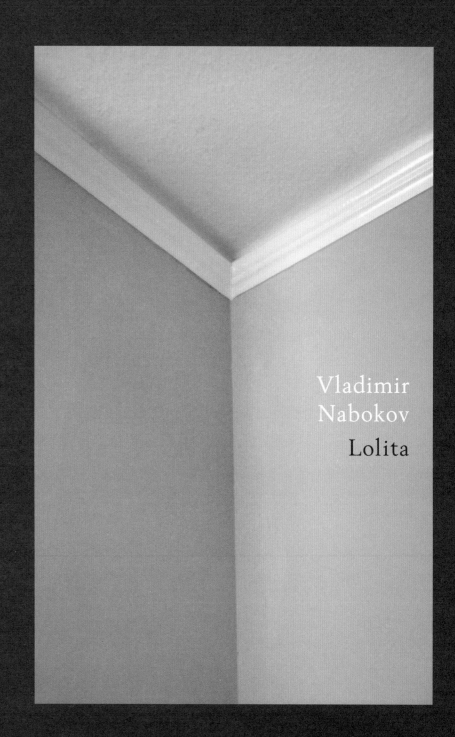

Vladimir
Nabokov
Lolita

当一张封面迫使
你看上第二眼,
再多想一下或者
停下脚步开始
思考,这说明它
尊重你的智力,
尤其是当这张
封面描绘的是
敏感主题时。

Robert Bloch

PSYCHO

"这年头在封面上画一把刀可没什么冲击力了。这已经在犯罪小说封面设计中过于俗套了,于我而言,它无法引起兴趣,也没什么戏剧性。所以,我决定换个思路,把重点放在一把刀能造成的痕迹上。那些戳刺、砍削的动作留下的痕迹会让我想起飞溅的水滴,继而让我回到最著名的淋浴场景里。利用刀痕、眼泪或切口是我经常使的小花招。这是将文本与图像统一起来、把不相干的事物拢到一起的好办法。"

——乔纳森·格雷,罗伯特·布洛克《惊魂记》(*Psycho*)的封面设计师

为哈里·昆兹鲁所著的《白泪》（*White Tears*，2017）设计封面的过程便是支持这一点的例子，因为它提出了关于身份认同、身份误认、挪用和自我认知的一系列烦人问题。昆兹鲁这部小说融合了纯文学和恐怖小说的传统，讲述了这样一个故事：两个二十多岁的白人小伙子无意间录到了一名黑人街头音乐家的表演。一开始他们想用这张唱片冒充一位编造出来的歌手的早期原创爵士歌曲。这听起来像是一个耳熟能详的"爱与窃"的故事，而且这故事跨过了W.E.B.杜波依斯所说的"种族界限"，因为这两个真心喜欢爵士乐的白人小伙子竟然试图借用一名黑人男子的创造力和天赋来获利。[66] 不过后面的情节有反转：结果这位音乐家并非他们想象的产物，而是愤怒的幽灵，正在暴戾地寻求报复与赔偿。

《白泪》的美国初版护封几乎没有泄露一丁点小说内容。它包含了若干高概念的设计细节，比如同心圆是在模仿黑胶唱片的外观和感觉，欢快活泼的字体和"大书相"暗示书中主题与种族暴力无关。早期的草稿和样稿更具挑衅性，有许多种族主义的讽刺画：一张黑人男性的脸，表现出狰狞的狂喜状态，这就是对吓坏主人公的幽灵进行了视觉化。为什么相比之下，封面的最终版本如此平淡无奇？这个问题的答案恐怕并不简单，因为要做出这类决定一般得由众多相关人士进行多轮会议讨论。但如果争议太大，大家往往会选择一张基于文本的封面。当时正值2016年美国总统大选，种族矛盾在全国范围内激化，在这种背景下，让人触目惊心的封面反倒没有什么颠覆性，而是会显得麻木冷漠。

昆兹鲁的文本激发设计师创造出了这么多图像，可是将它们呈现在书的封面上，通过数字营销与宣传让它们在全球范围内传播就又有所不同了。在脑海中看一幅图像是一回事，在电脑屏幕上看又是另一回事。背景很重要。对《白泪》的读者来说，种族和种族主义的主题是通过从多个角度探讨文化挪用的复杂叙事浮现出来的。昆兹鲁希望他的读者直面一段跨越种族界限的互动历史，这段历史在今天仍然重要。然而，对偶然看一本书的封面的人来说，这样的图像（无论在屏幕上还是在实体书店里）是在叙事背景之外的。黑人艺术可能实现了文本的具象视觉化，也承载了其他的伤痛意义，这些也要在设计过程中考虑。在转发和分享的数字文化中，种族主义的意象有潜在可能在传播过程中造成更多伤害，尽管这种意象运用的方式也许与某一段文字相关。

《白泪》的封面设计情况便是当代小说中一个趋势的典型例子。近些年来，世界上的许多小说家都以创新和富有挑战性的方式来处理种族问题，反过来，这也促使封面设计师去表现既有政治敏感性，又有伦理需求的文本。举例来说，雅阿·吉亚西开始写《回家之路》之前，她先问了自己一个问题："在今天的美国，做一个黑人意味着什么？"[67] 通过将乔治·艾略特的《米德尔马契》（*Middlemarch*）改编成符合当前时代叙事的手法，《回家之路》跟随18世纪末在加纳出生的一对同父异母的姐妹的后

本页和对页：《白泪》，作者：哈里·昆兹鲁，由彼得·门德尔桑德设计但未被使用的几版封面。

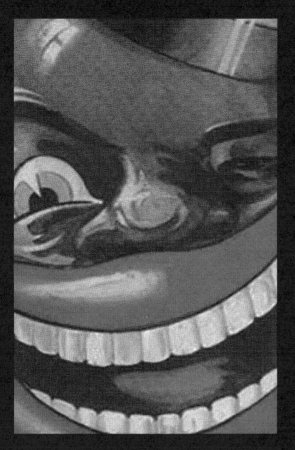

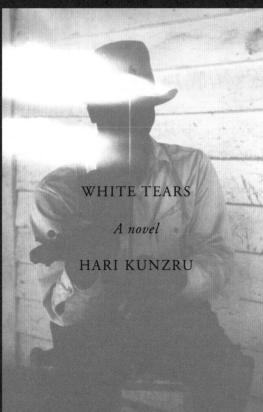

WHITE TEARS

A novel

HARI KUNZRU

A NOVEL

WHITE TEARS
HARI KUNZRU

《白泪》，作者：哈里·昆兹鲁，由彼得·门德尔桑德设计但未被使用的几版封面。对页：注意，这本小说有一个简短的副标题，说它是"一个鬼故事"。实际上，封面设计可以影响图书分类，而不是图书分类影响封面设计。

A GHOST STORY
WHITE TEARS
HARI KUNZRU

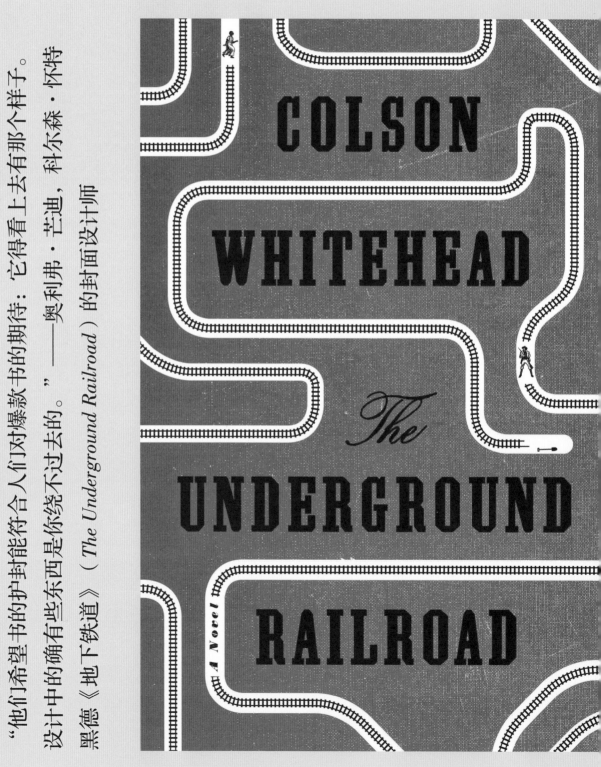

"他们希望书的护封能符合人们对爆款书的期待:它得看上去有那个样子。设计中的确有些东西是你绕不过去的。" ——奥利弗·芒迪,科尔森·怀特黑德《地下铁道》(The Underground Railroad)的封面设计师代，回顾了从非洲到美国三百年的新世界奴隶制。因此，叙事主人公其实是一个集合体（如一个家族）——该书第四页上的族谱直观地说明了这一点。随着叙事展开，书中的场景从加纳的番薯地转换到了纽约哈莱姆区的街道，拉尔夫·艾里森的"看不见的人"就是在这里说出了名句"我就是我"（I yam what I am）。《回家之路》护封上的图案整体来看像一张挂毯，上面的字体则让人联想到非洲的木刻版画。护封还体现出了某种情节，是书里的情节。如果从左上角到右下角将护封的图像扫视一遍，像阅读一行行文字一样"阅读"水平排列的视觉能指，你就能发现，这张图像用描绘了燃烧的番薯地、大西洋和纽约城天际线的抽象空间语言讲述了吉亚西的整个故事。学现代艺术的学生也能从中看出马蒂斯的影响，这版封面设计期间马蒂斯的剪贴画正在纽约现代艺术博物馆中展出。

像吉亚西一样，杰丝米妮·瓦德和科尔森·怀特黑德也写出了关于种族的相当有影响力的小说，而且这些小说激发出了同样有趣的封面设计。根据奥利弗·芒迪——怀特黑德所著《地下铁道》（2016）的封面设计师——的说法，设计该书护封付出的努力虽然非常值得，但是整个过程异常艰辛，因为该小说被寄予了厚望（最后，它获得了普利策奖和国家图书奖）。这种期待不仅使相关人士会非常仔细地审视芒迪交出的护封样稿，还会让书的外观受到非常具体的设计条件的约束。"他们希望书的护封能符合人们对爆款书的期待：它得看上去有那个样子。设计中的确有些东西是你绕不过去的。"他解释道。其实芒迪说的就是我们在第二章探讨过的"大书相"。"一般情况下，"他继续解释，"这意味着设计师得用大号字：书名和作者名都要大，就像在彰显自己的重要性，给人一种刺激和重大的感觉。当有人说这就是他们想要的感觉时，我不知道谁能明白他们到底想要什么，可能他们就是想感觉到些什么吧。"[68]芒迪

知道他得交出一份有大字的设计方案，于是他围绕书名和作者名搞了些花样，让铁轨在护封上蜿蜒而过，形成一条不规则的线。

对于芒迪有关"感觉"的观点，瓦德所著的《唱吧！未安葬的魂灵》（*Sing, Unburied, Sing*，2017）的护封设计师海伦·彦图斯也表示赞同。尽管"大书相"这个词严格来说指的是书的样子要符合一系列形式上的选择和惯例，但其实最重要的还是给人的感觉。看过瓦德早期作品的读者都知道，她喜欢用诗一般的语言书写美国南方的种族与贫穷问题；另外，让她获得2011年国家图书奖的小说《拾骨》（*Salvage the Bones*）就十分亮眼地讲述了卡特里娜飓风来袭后的新奥尔良州。因此，在为《唱吧！未安葬的魂灵》设计护封时，彦图斯清楚地知道她的设计不仅要强调这本书的"文学性"，还要吸引出版方希望吸引到的新读者。"作为设计师，"她解释道，"你的位置很微妙，因为你在努力做的是给艺术安一张脸。你在为艺术做包装，理想情况下，你用来包装艺术的也可以被称为艺术，可你做什么都得受商业框架的束缚。"[69]对于这一点，芒迪讲得更加直白："关于什么会把一个买家劝退，人们有着各种各样早就形成的观点。就算这些观点是没有明说或者被具体指出来的，我也早就将它们内化了，所以我就是知道该避免什么。"另外，关于什么书应该长什么样，人们也有早就形成的观点。以彦图斯为《唱吧！未安葬的魂灵》设计的封面为例，它成了高级文学出版中一种封面趋势的完美范例，就是封面上要使用浮夸的色彩，并且要在文本和视觉图形之间建立动态交互的关系。

对这些设计师而言，至关重要的是要分辨出哪种"大书相"既能让书显得严肃且精巧，又能让读者觉得诱人且易读。设计师总是会接到要有效促进销售的商业要求，同时还要考虑到自己是在为瓦德或怀特黑德这样的作者写的纯文学小说设计封面，所以设计师一定要尽力去满足文稿本

Simon Stevens
@SimonMStevens

Like so many (wildly varying) writers on Africa, Adichie gets the acacia tree sunset treatment...
(@AfricasaCountry)

"尼日利亚可不是以金合欢树闻名的。"

一本书的封面，只要它依赖于弊病颇多的刻板印象来表现文本的主题，就一定是失败的。*上图*：封面运用了俗套的视觉符号——金合欢树——的"关于非洲"的书，因为非洲在西方人的眼里就是这个样子。

身的美学需求。像《地下铁道》和《唱吧！未安葬的魂灵》这样的小说不仅是出版物，还属于文学成就，因此封面一定要体现出精美感。"我永远在艰难地保持一种平衡，"彦图斯说，"既要恰如其分地反映书、作者、内容和态度，又要尽可能多地把书塞进人们的手中，因为这就是我的工作。"

性别会影响这个过程。正如小说家梅格·沃利策所写的，"封面插图是密码"，有太多次女性写的文学小说通过陈腐的女性特质表现形式被包装成了"女性小说"，破坏了其文本审美的复杂性。"某些图片，"沃利策写道，"铆足了劲儿往女性上靠，就好像那则'钙加维生素D'的广告一样。这些封面好似被拍上了一张巫符，上面还写着一行字：'男人勿近！你们还是去看科马克·麦卡锡的书吧！'"每个买书的人都见过沃利策说的这种情况，想想最近出的很多书的封面和护封就知道了——一个年轻的长发女孩穿着在风中摆动的裙子，她的脸羞涩地转到一边，不肯直面镜头。相反的是，男性作家更容易得到作者名和书名都放得很大的设计，而这样的设计暗示着这是一部伟大的文学作品。沃利策发问："如果杰弗里·尤金尼德斯的《婚变》（*The Marriage Plot*）是一名女性写的，书名还是原来的书名，封面上也有那枚婚戒，这本书还会受到严肃文学界的那么多关注吗？"[70]

这个问题让我们不由得开始思考书籍封面的"密码"：那些未宣之于口，却决定着书的模样的假设。特定的类型文学中会有一些烂俗的套路，比如整日酗酒的私家侦探、信仰崩塌的牧师和遇难的少女。同样地，为了呈现一部新小说并在市场中给

4. 为什么书籍封面很重要？

《回家之路》，作者：雅阿·吉亚西，出版方：阿尔弗雷德·A.克诺夫，封面设计：彼得·门德尔桑德。从左上角到右下角将护封的图像扫视一遍，像阅读一行行文字一样 "阅读" 水平排列的视觉能指。

205

ld of
rie
ng

a novel by

A MAJOR MOTION PICT

THE
MAKIOKA SISTERS

JUNICHIRŌ

TANIZAKI

"A masterpiece of great beauty
and quality." — *Chicago Tribune*

NORWEGIA

RUKI
AKAMI

它定位，也会有一些陈腐平庸的设计。不管是在网上书店还是在实体书店，一本新书最需要的就是抓住浏览者的眼睛，而且为了达到目的，封面必须以这样或那样的方式凸显自己。在一段时期内，很多封面喜欢互相模仿。它们不会看起来各不相同，而是相反，总愿意看起来十分相似；更糟糕的是，它们所属的类型应该看上去什么样，它们就要变成什么样。在很多案例中，出版方想要的都是他们认为安全的封面，也就是要模仿那些过去效果不错的封面。不幸的是，出版商们要求设计师制作适合相应类型文学的模仿封面，这样无疑会让他们的书淹没在许许多多这类"克隆书"里。

这类封面可能曲解了作者的文本，就像费柏与费柏出版的《钟形罩》（参见第190页）。还有一个更复杂的例子就是美国出版的意大利小说家埃莱娜·费兰特的"那不勒斯四部曲"平装版（参见第210页）。费兰特广受好评的这套小说讲述了两个女人之间超过五十年的友谊故事。这份别具一格的文学成就为费兰特在故乡意大利之外收获了热情的读者，也为她在21世纪新兴的小说经典中赢得了她应有的位置。然而，这套书的封面却远远配不上它的文学性，按照一位评论家的话来说，封面让它们看上去像"摆在美国加油站卖的那种4美元的爱情小说"。[71] 这套书的艺术总监解释说，这个选择是他们有意为之，尽管也引发了争议。"许多人不理解我们的苦心，"她懊恼地说，"也就是为什么我们要用有点粗俗的方式包装一个极为考究的故事。"[72]

但这些封面所做的不仅仅是将高雅与通俗的文化、精致与世俗的审美并置，它们还提出了性别如何与品位相交的问题。艾米莉·哈尼特为费兰特的封面做了令人信服的辩护，她认为"以优秀文学作品的名义鄙视封面——甚至鄙视这类封面让人联想到的那种小说——就等于接受了'女性小说'这一类型长期以来被赋予的毁灭性污名"。[73] 她的观点是，你觉得这些封面无聊且平庸，所以不喜欢它们是可以的，

 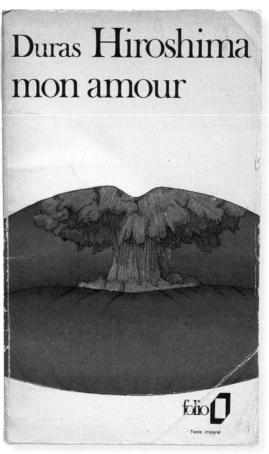

有些书的封面公然强化了性别刻板印象（参见第206页和第207页）。还有的封面融合了人们熟悉的套路、图形和惯例，做到了推陈出新。左上图：《独白》（*The Woman Destroyed*），作者：西蒙娜·德·波伏瓦，封面设计：彼得·门德尔桑德。右上图：《广岛之恋》（*Hiroshima mon amour*，1981），作者：玛格丽特·杜拉斯，插图：弗雷德里克·布莱蒙。

但一旦你认为它们用女性小说的"低俗"外衣玷污了费兰特作品的这种"高雅"艺术，你就在巩固一种错误的二分法，支持了女性小说不可能成为"严肃"文学的这种性别歧视观念。丽贝卡·索尔尼特在她的书中曾简洁地描述过这种二分法："一本没有女性的书通常被认为是关于人性的，但一本以女性为主角的书就是关于女性的书。"[74]

不过，也许性别歧视和性别偏见的问题恰恰存在于"人"的概念中——无论"人"被理解为什么——这使它们成了设计的关键问题。《看不见的女性：揭露为男性设计的世界中的数据偏见》（*Invisible Women: Exposing Data Bias in a World Designed for Men*，2019）一书的作者卡罗琳·克里亚多·佩雷斯指出，人们"默认的"一般人类的概念实际上根本不具有一般性。除非性别另有定义，否则"人"（或"用户"）指的就是顺性别的男性。"提起人类，大家默认就是男性，"她写道，"这是人类社会结构中的根本，是一个古老的习惯，而且根深蒂固——就像人类进化的理论本身一样。"[75]的确，当佩雷斯意识到自己有这样的思维习惯时，吓了一跳："每当我想象一个人，比如一个律师、一个医生、一个记者、一个科学家，任何人，即便我对想象中的这个人的性别没有预设，但我想象的总是一个男人。这让我非常震惊，不仅因为我是这么做的，而且因为我没有注意到我在这么做。"[76]

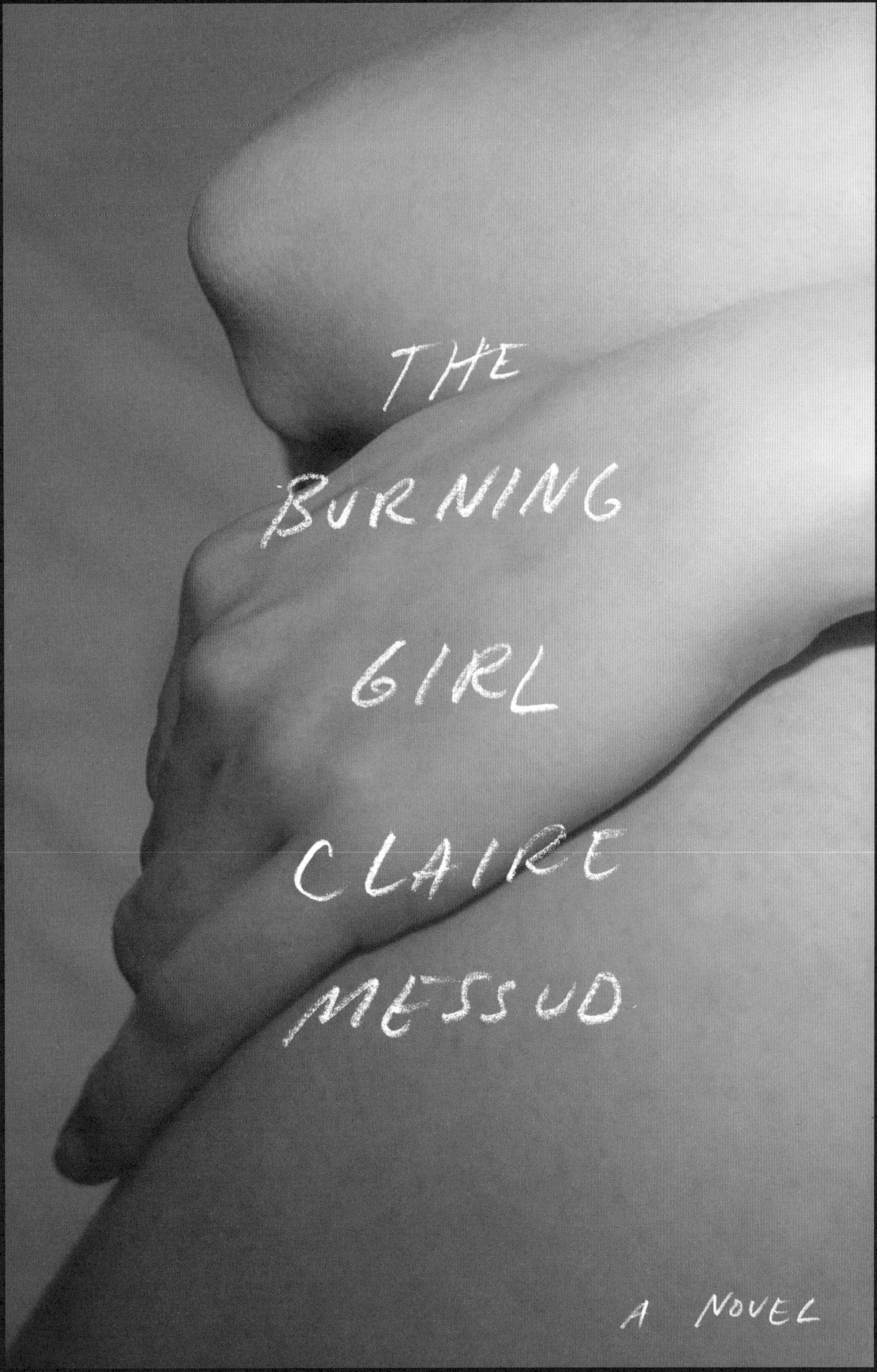

THE
BURNING
GIRL
CLAIRE
MESSUD.

A NOVEL

《燃烧的女孩》（*The Burning Girl*），作者：克莱尔·莫素德，彼得·门德尔桑德设计的未被使用的封面。设计师是如何利用问或利用女性的双手这一俗套的意象有所创新的？

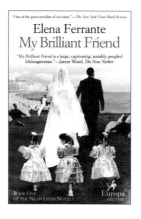

埃莱娜·费兰特
"那不勒斯"系列小说
的部分不同封面。
费兰特的小说在全球
范围内引起了轰动,
在不同的市场翻译出版,
因此也需要不同的
封面设计和营销策略。

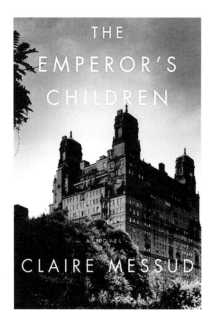
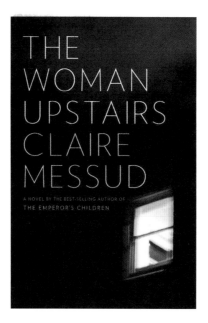

卡罗尔·迪瓦恩·卡尔森
为阿尔弗雷德·A.克诺夫
出版社设计的封面。

"默认男性"的问题已经渗透在文化、社会和设计中了。当然，要想纠正这个问题，仅靠书籍是不够的。书籍能做的就是挑战我们的习惯，让我们对思想中的偏见更加敏感。对于像费兰特这样的作家，这意味着邀请读者们来想一想女性，不是把她们当成抽象的概念，而是将她们视为生活在特定时期、特定地方的历史演员。费兰特作品中人物那有着丰富内涵的特异性——她们的心理画像、情绪与情感、经营种种关系的方式——正是她们作为"人类"的象征。以这样的方式呈现女性，避免性别刻板印象，有利于创造出更多细腻多元的角色，也对封面设计师提出了最高的挑战，使他们必须使出浑身解数才能不负作者的愿景。

把克莱尔·莫素德的《楼上的女人》（*The Woman Upstairs*，2013）作为我们最后的例子吧，这部小说的开篇便是叙述者诺拉的一段冗长的独白。"我有多愤怒？"诺拉问，"你不会想知道。没人会想知道。"但她还是告诉了我们：

> 我是个好女孩、好女儿，为人友善，成绩优秀，保守且传统，事业发展得也不错，而且从来没有抢过别人的男朋友，也从未对哪个女朋友缺少关心，我对我的父母和哥哥能忍则忍。但不管怎么说，我已经不是女孩了，我他妈的已经四十多了，我在工作上得心应手，与孩子们相处融洽，我母亲去世我握着她的手，甚至在她走向死亡的那四年始终握着她的手，而且我每天都在电话里跟我的父亲聊天——再次提醒一下，是每天。河那边的天气怎么样？也像我这边一样阴沉而潮热吗？按说我的墓碑上应该写着"伟大的艺术家"，但要是我现在死了，墓碑上只能写"绝好的老师/女儿/朋友"；而我真正想喊出来的，想在那座坟冢上用大写字母刻下的是**你们都他妈给我滚**。[77]

想象你是一名书籍设计师。你看这段文字时能有多少画面感？这个问题很难回答，因为封面应该是以欢迎的姿态吸引读者的，但莫素德小说里的叙述者故意摆出一副不招人待见的样子。[78]在为莫素德之前写的一部小说《帝王的儿女》（*The Emperor's Children*，2006）设计封面时，设计师卡罗尔·迪瓦恩·卡尔森就说她为叙事在"感官和视觉上的"特质感到迷惑。

"书里有建筑、食物、天气、气味，当然还有地点——纽约市。"卡尔森解释道，"我想起了摄影师扬·施塔勒的书中的一张图片，显然是上西区的照片。这个被水泥墙围住的地方可能是贝雷斯福德大楼，靠近中央公园，它对小说非常重要。我希望可以通过它让莫素德的读者们有个大致的概念，想象她家人的生活。"[79]

如书名所示，《楼上的女人》还生动地体现了地点和空间，但是它的叙事向设计者提出了不同的挑战。贯穿本书的一个观点是，封面能让不同领域的人联系在一起，但诺拉是个根本不喜欢与人产生联系的人。她满怀愤怒，而且不喜交际。像这样一本小说的设计师必须面对准确反映文本和激起潜在读者兴趣之间的冲突和矛盾。"你们都他妈给我滚"反映在封面上该是什么样子呢？该怎么在不侮辱人的情况下表达侮辱呢？

这是封面设计过程中衍生出的另一个有趣的问题了。也许，最重要的是，让图书封面重要起来的正是它引发的问题。从一方面来说，封面不过是一些图像，它们装饰文本，也是文本的框架，按说这就是艺术的实际作用；从另一方面来说，正因为它们是图像，封面才会引发问题，引起人们的联想、批评，有时候甚至能改变你对世界的看法。封面介于艺术、文化、商业和设计的交集处，因此就封面展开思考意味着你要思考许许多多其他事物。至此，我们已经对为什么书封很重要进行了一番思考，希望能成功说服你认同它的重要性。我们已经准备好揭开大幕，看看书的封面到底是如何制作的了。在下一章中，我们就会看到封面设计机制引发自身问题的案例。

"你们都他妈给我滚"
反映在封面上该是什么
样子呢？该怎么在不
侮辱人的情况下表达
侮辱呢？

"因为仇恨，我怒不可遏！气得冒烟！气得喘不上气来！这帮伪君子！"
　　　　　——路易-费迪南·塞利纳为伽利玛出版社的1952年版《茫茫黑夜漫游》写的前言

CÉLINE
JOURNEY TO THE
END OF THE NIGHT

NEW DIRECTIONS

彼得·门德尔桑德为路易-费迪南·塞利纳的《茫茫黑夜漫游》设计的未被使用的封面。

Roald Dahl

Switch Bitch

Confessions of the Flesh
The History of Sexuality,
Volume 4 Michel Foucault

"有性元素便卖得好。
大概是有这么个说法。
但在普通书封上是被禁止的——除
非以隐晦的形式。

'Uninhibited, erotic, delicious...'
JOHN UPDIKE

Fear of Flying

ERICA JONG

对页左图：《风流公子狗婆娘》（Switch Bitch，1981），作者：罗尔德·达尔，出版方：企鹅图书，封面：大卫·佩勒姆。对页右图：如何将原罪、性和11到14世纪的基督教教堂硬塞到同一张护封中。《性经验史·第四卷》（The History of Sexuality, Volume 4），作者：米歇尔·福柯，封面设计：彼得·门德尔桑德。本页：《怕飞》（Fear of Flying），作者：埃丽卡·翁，护封设计：朱莉娅·康诺利。

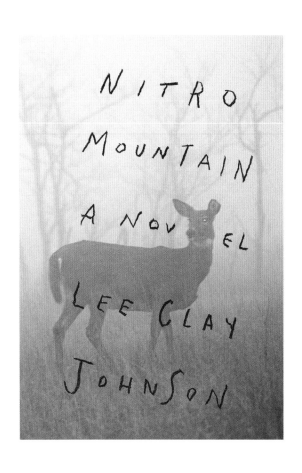

"'暧昧，但引而不发'恐怕是为含暴力内容的书设计护封的一个很好的原则了。该原则来自电影中的一个假定，即恐惧是建立在人对一样东西的期待上的，而并非那样东西本身。正因如此，我没有在《奈乔山》（Nitro Mountain）的封面中央放上小说里那个危险又疯狂的人物，而是放上了我想象中他那颤抖的手写出的字体。在这些字后面，是神秘忧郁的谢南多厄河谷（书中部分故事就是在这里发生的）的照片；还有一只鹿警惕地听着脚步声。"

——奥利弗·芒迪，
李·克莱·约翰逊所著的
《奈乔山》的封面设计师

"《美国精神病》（American Psycho）的初版封面上帕特里克·贝特曼的面孔太过清晰，这个问题一直挺困扰我的。我一直在奋力避免这种情况发生——具体描绘出一个虚构人物的样子。因为那样做可能会夺去读者独特的体验，让他们无法自己决定书中的人物长什么样子。阅读文章就像是在头脑中开了一家剧院，我不想越俎代庖，指手画脚。总而言之，我为《美国精神病》设计的封面可以让读者自己来填补空白。它意味着如果有人偷偷在你的酒里下药，你会看到什么，那个人就站在你面前，嗯，药已经开始起作用了。要不了一会儿，你可能就什么都看不到了，再也看不到任何东西了……"

——奇普·基德，
布雷特·伊斯顿·埃利斯所著的
《美国精神病》的封面设计师

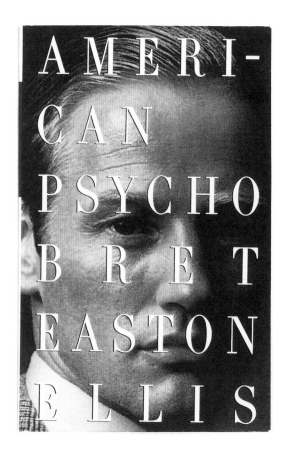

如何制作书籍
封面?

5.

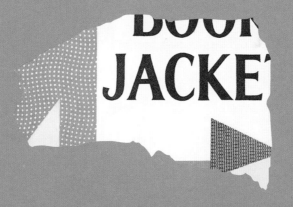

"我的设计部门平均每周产出20到30张有望通过的封面概念稿，当我带着这些封面在冷静务实且相当难取悦的编辑理事会和营销人员面前展示时，会偶尔假装极力推荐其中一个精心设计的'烂设计'，那是个陷阱。在大家一致否决的情况下，我会'勉为其难'地接受失败，建议用我之前没看中的方案，理事会也会如释重负地接受它。当然，其实这个方案才是我一早选好的。然而，随着时间推移，他们看穿了我的策略，并且开始怀疑斯帕斯基和费希尔也会效仿。所以说，担任艺术总监可不像指挥家挥动指挥棒一样挥动一根笔那么简单。"

——大卫·佩勒姆，设计师

"这场表演的主角不是你。作者花了三年半的时间来写这该死的东西，出版商还在这上面花了一大笔钱，至于你，往后退退吧。"

——保罗·培根，设计师

查尔斯·罗斯纳对年轻设计师有一些建议。他是1949年在维多利亚和阿尔伯特博物馆举行的首届国际图书封面展的首席策展人，是讨论这个话题的权威。"设计师要读稿子，"罗斯纳写道，"这不仅是为了将自身投射到书中世界，而且是为了从中汲取作者创作的关键特质。只有在看过稿子之后，设计师才能开始考虑要如何尽可能地用自己的媒介阐释这种特质，让最终设计能够真正呈现书本身鲜明的特色和真实的内容。"[80] 时代变了，但这条建议依然有效。好的封面设计始于深度沉浸式阅读。最棒的封面让你看到的不只是人物、构图或者图像与文字的拼贴。它们会告诉你住在作者的世界里是什么感觉。

罗斯纳说到了关键。他将深度沉浸式阅读视为设计流程的第一步，恰恰是因为"在艺术领域"，像亨利·詹姆斯说的一样，"感觉永远意义重大"。[81] 鉴于图书封面一定会以微妙的手段标定感觉和意义，这个论断尤其适用于封面艺术。图书封面同时有展示和讲述的双重作用，它们既提供信息，又提供感觉。通过整体设计，你可以得到手头这本书的关键事实信息（书名、作者、出版方和类型），而颜色、外形和质感又为书定下了调性。从这个意义上说，封面的功能有点像"晴雨表"，它预告了内部天气，也可以说是书内的"气氛"。设计师常常摆弄这种关系。从一方面来说，大多数成功的封面都在内部和外部之间、书的外观和文本的感觉之间制造了一些摩擦。从另一方面来说，许多特别失败的封面都是因为设计师在自己的方向上走得太远，结果没能呈现出罗斯纳说的"作者创作的关键特质"。

换言之，制作一张成功的图书封面需要一些限制。设计师必须通过"反向艺格敷词"的过程，在文与图之间、作者的愿景和设计师的技术之间取一个微妙的平衡。"艺格敷词"这个词可以一直追溯到古希腊时代，指的是"视觉表达的文字呈现"或者说对一样视觉事物的文学性描述，比如荷马的《伊利亚特》中的阿喀琉斯的盾牌。[82]如今的封面设计则是反转了这个过程：它们赋予文字艺术中的形象和氛围以视觉形式。

那么，一本书的封面是如何制作的？什么是一张书封成功的关键因素？封面设计的基础技巧并不是特别难掌握。封面制作的过程其实相当简单：阅读、思考、画初稿、迭代、提交方案、收集反馈、修改、再次提交方案，最终方案通过。但取得理想的结果又是另一回事了。和任何严肃的创意工作一样，封面设计需要练习和耐心，这一点在彼得·柯尔为有抱负的封面设计师写的一本早期指导手册中有强调。柯尔的手册名叫《设计一本书的护封》，是1956年出版的，也就是罗斯纳的展览举办几年后。直到今天，书中的观点也是关于这个话题的讨论中最深刻的。[83]当然，他的部分建议现在听上去确实过时了——关于"设备和材料"的章节提到了圆规、铅笔和丁字尺，却没有提苹果笔记本电脑和奥多比——不过，今天封面设计需要的基础工具和20世纪中期并没有很大的不同。其实，《设计一本书的护封》只需要为数字时代更新一下就可以了。

如果1949年的展览预示着柯尔说的"书的护封对平面设计师来说已经达到了一项严肃活动的地位"，那么在巩固这项活动作为一种真正艺术形式的地位的路上，在让它变得受人尊敬、与一般广告区别开来的路上，他的书就是迈出的第一步。[84]护封也许只是产品的包装，柯尔表示，但它"出售的东西比肥皂要微妙和复杂得多"。[85]他写下这些的时候，正是美国与英国的廉价纸浆平装书的鼎盛时期，当时喜气洋洋的俗丽封面大行其道，上面是各种撩拨人感官的图像，比如身上布料少得可怜的女人和可怕的暴力场景，这种书充斥着整个市场。虽然今天的我们回顾这些封面时，可能会涌起一些怀旧之情，但对那些追求技艺提升、有志做出超越这些廉价纸浆书封面作品的设计师来说，它们是一种威胁。[86]"有一种护封是设计师压根不该考虑的，"柯尔在书的序言里写道，"那就是通过描绘生理结构上过于夸张且衣着不雅的女士，利用施虐狂或性元素打造的封面。书的护封设计要想保持其作为图像艺术分支的尊严，就必须将这类低俗的风格拒之门外。"[87]

柯尔的这番话听上去的确有点假正经，但是正如我们在前一章中探讨过的，今天的设计师也面临着许多同样的挑战。就算封面带性元素的书好卖，封面设计师也一定要避免性别歧视。世界上每本书封面的目的都是立即抓住大家的眼球，在竞品中脱颖而出，所以总有一个念头，那就是尽可能地引人注意。还有，不可否认，网上零售和社交媒体带来了新的商业和文化环境。如果要在如今的零售环境中寻找一本新书，你的搜索很可能始于谷歌，终于亚马逊，也就是占美国图书销售成绩半壁江山的地方。[88]社交媒体在传播一本新书的评价方面的作用越来越显著，作者（和设计师）也可以在照片墙（Instagram）或其他平台上自行销售他们的作品。与此同时，独立书店的行情有所回暖。因为大量的选择让消费者应接不暇，算法生成的推荐让他们疲惫不堪，所以他们渴望在由专业人士策划的精品店购物的体验。

在这种背景下，一名封面设计师要做些什么呢？这看上去是个不可能完成的任务。从一方面来说，封面必须在一张小小的数字缩略图的形式下依然看起来不错；从另一方面来说，封面作为实实在在的、可以触摸的实物时也要给读者满意的体验。就好像协调这两条要求还不够难似的，最棒的封面还要完成更多任务——要真诚并巧妙地为作者的文本加分，丰富一本书的整体审美体验。因此，封面设计的风险很高，根据著名文学经纪人克里斯·帕里斯-兰姆的说法，她相信封面设计是决定一本书在今天的零售局势中是否成功的"唯一重要因素"。[89] 另外，记者玛格特·波伊尔-德里在她关于这个话题的报道中指出，尽管纸质书的销售自2013年以来增长了11%，但在网络购物的时代，收入却减少了。"这让出版方面临着更高风险和更少资源的杀手组合，"波伊尔-德里写道，"导致其转而选择更安全的方案。"[90]

柯尔的《设计一本书的护封》提出了一些建议，这本指导手册依然是封面设计师的重要参考资料。柯尔主张，为了"以图像形式呈现"任何一份书稿，封面设计师"必须是对书有感受力的艺术家和工匠"。[91] 有天赋和技术还不够，他提出，设计师应有一种与文字创造出来的情感和氛围产生联结的直觉。简单来说，设计师读过书稿之后，得在作者创造出的世界中迷失一段时间，像做白日梦一样浮想联翩。柯尔还告诫设计师，要是出版方说"你想怎么设计就怎么设计"，可千万"别太当真"，因为到头来，产品永远"不会完全按你说的来"！[92] 的确，这种话永远是陷阱。好的设计是大家通力合作打磨出来的。尽管这个过程中的一些步骤（比如构思和草稿）也许是设计师个人完成的，但最终产品从来不是设计师一个人的。制作一张成功的图书封面需要提出问题、听取意见、与专业的团队合作，这些专业人士中的部分人并非设计师，也不是热心读者，却是专家。这里没有什么孤僻的天才与世隔绝、埋头苦干，然后带着胜利的微笑携作品现身的童话。

除了是艺术品和设计作品，从某种意义上说，书封也是数据可视化的成果。就像柯尔解释的，封面"必须展示出特定的信息：书名、作者名、出版方，不管封面是抽象的、象征主义风格的还是形象化的"。不管怎样，"安排和处理设计中必备元素的方法是多种多样的"。[93] 所有的设计开始时都有限制条件，换言之，具体说到图书封面，设计师在工作开展之初就清楚，一些特定的信息必须出现在最终的封面上。另外，设计师还得对付规范、惯例和关于书的外观的潜规则带来的问题——最重要的是，他们要面对这样一个观念，那就是为了提供正确的视觉提示，一本特定的书就应该看起来是某种样子。最好的设计应该把所有这一切视为创作的挑战，而不仅仅是恼人的限制。

书籍设计中的约束也体现在空间上——可以结合地产、地理学和图形-背景关系来理解这点——因为任何封面的空间都是有限的。柯尔指出:"书脊给设计师带来了一个特殊的问题。"[94]如果你把精装书的护封取下来,将它平摊在桌子上,就会看到它有五个长方形的空间用于设计和放插图,最窄的空间是覆盖书脊的部分。对设计师来说,这片"地产"独特而狭窄(可以把它想象成在人口密集的城市中最好社区里的一居室公寓)。为了让这个空间发挥作用,设计师必须非常精明,不仅因为它空间小,还因为在书一生中的大部分时间里它都将充当书的"门面"。除了传达重要信息——作者、书名、出版方——书脊上还可以放上从前后勒口延伸至此的插图。无论如何,我们的目标是将书脊的护封部分与护封的其他部分整合在一起,同时赋予这窄窄的一条足够的天赋,使它从书架上的其他书中脱颖而出。

让书看起来令人难忘的一种方法就是用字母装饰。柯尔甚至认为"每个设计师都应该能在其设计的护封上执行字母装饰",因为"只要设计得当,排版得当,字母本身就是最具特色的装饰设计"。[95]当然,字母不仅是表达意思的单词的组成部分,它们也有形状、有图案、能排列组合。在任何项目开始时,设计师都需要做出大量决定,包括决定封面的主体是文字还是插图。换言之,封面是强调印刷或手写字体,还是强调文字必须适应的视觉形象?如果文字是最重要的,那么设计师有很多选择来像处理形状一样处理字母和单词。但是如果封面的主体是视觉形象,字体相关的中心问题则是用有衬线的字体还是无衬线的字体。关于这两种选择之间的区别已经写了很多,而且普遍的共识似乎是有衬线的字体代表古典风格,而无衬线字体代表现代风格。[96]有才华的设计师会体验或挑战这种二分法。然而,重要的是要记住,封面上的字体是为了展示整体美感,与内文,即书中的文字是不同的。

柯尔最后提出的两个主张在今天尤其能引起共鸣。首先,他认为"每一本书都应该被视为一次以图诠释文本的独特机会"。[97]即使某本书的封面设计没有那么巧妙,但它仍然是对文本的一种阐释。通过视觉和触觉能指,封面为作者的作品提供了一个背景,它让你以一种特殊的方式来看待这本书。也就是说,设计的作用通常发生在意识感知的阈值之下,在不知不觉中对你产生影响,至少一开始是这样的。好的设计能轻轻松松地"发挥作用",无须观者细细鉴赏。但真正伟大的设计既能发挥作用,又禁得住鉴赏。也许这就是为什么最棒的图书封面会随着你的阅读而产生变化。

其次,柯尔写道:"好的护封首先得诚实(honest)。"[98]在这句话里,"诚实"是什么意思?也许它的意思是书的封面是对文本的真诚回应,或是设计正好处于商业需求和艺术表达之间的最佳位置,或是封面是对作者叙述的巧妙诠释,或者以上意思全都包括。也许"诚实"也意味着真实、准确和公平,因为虚假广告最能毁掉一张好的护封。与此同时,"诚实"可能意味着有说服力(如:"我们到了之后你一定会喜欢的,真的¹!"),或

1 此处"真的"原文为"honest"。

"这可能是我做过的最有名的设计了。"——恩斯特·雷克尔。美国首版《尤利西斯》的装帧样本。

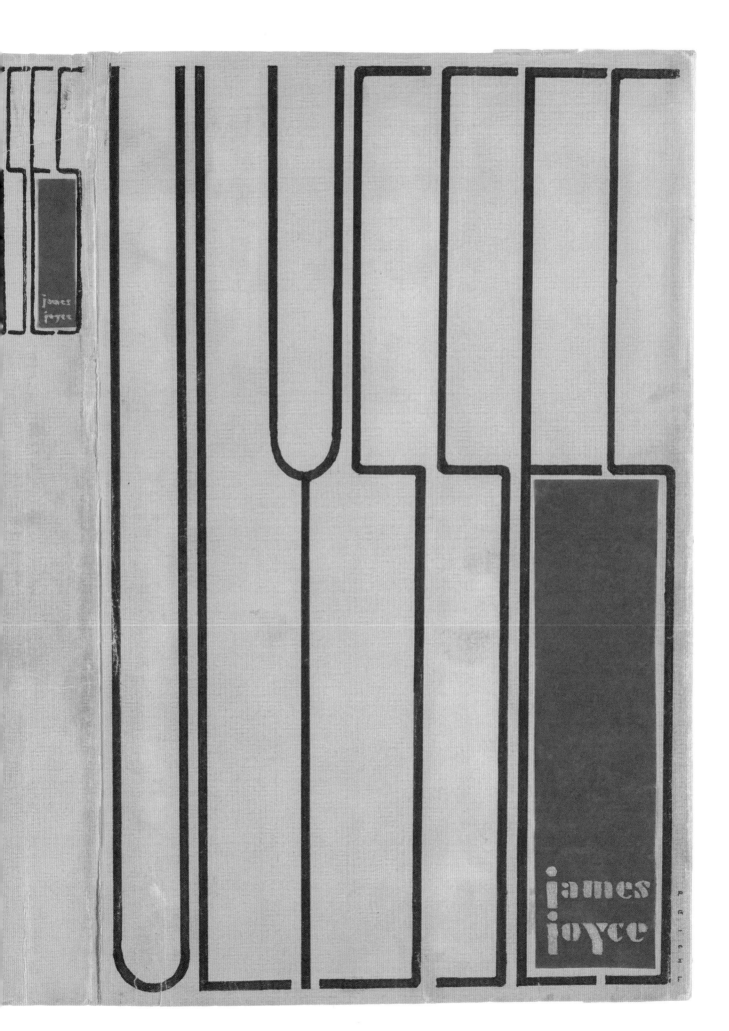

NIGHTWOOD DJUNA BARNES

NC ■■

NIGHTWOOD

LINE
AS IT
COMES

LINE
AS IT
COMES

lustig

remove guidelines   same size

1928

得来不易（如："她过着堂堂正正的[1]生活。"），或道德正确、诚恳和清白。可以说，诚实的护封会完成它的使命，即在文本和世界之间建立一种微妙的关系，在邀请我们"进入"这本书的同时，让这本书拿得出手，为成为焦点做好准备。

"对于那些真的只需要做出漂亮形状和颜色的人，如果我看起来像把起来沉重的责任重担放在他们肩上，那是因为这是历史的要求。"

——阿尔文·卢斯蒂格，设计师

了解过这些原则，现在可以讨论设计过程的问题了。封面设计师到底是做什么的？书的封面是如何一步步制成的？虽然每个封面设计师或设计团队都有各自的工作方法和习惯，虽然每个新的设计项目都有各自的机遇和挑战，但封面设计的过程通常包括以下步骤：阅读书稿，思考项目，提出整体性的设计问题，选择合适的主题，手绘草稿，数字设计，迭代，提交方案，修改，最终获得通过。

阅读和思考是第一位的。设计师不会只依赖书的内容梗概，而是会阅读书稿，以寻找可能作为整本书象征的视觉符号。在某种程度上，设计师是这本书的第一个评论者。在这本书收到《纽约客》上备受期待的书评或推特上的反响之前，设计师就已经在评估、解读并考虑如何"框定"手头的作品了。因此，设计师在阅读时会思考一些大问题：什么样的表达媒介（如摄影、插画、铅笔、钢笔、颜料、矢量图等）适合这个项目？目标受众由哪些人组成？如何触达他们？什么设计大类（如抽象、具象、拼贴画）适合该文本？用手写字体还是印刷字体？有衬线还是无衬线的字体？用什么颜色搭配？最重要的是，这些大量的选择将决定封面的基调：这本书给潜在的买家或读者至关重要的、即时的、几乎是下意识的感觉。

接下来，要为封面选择合适的主题。把人物放在封面上可能是成功的策略，但也有风险，因为这种方法可能会"透露"太多，不仅导致设计与文本卷入竞争关系，而且妨碍读者的自由想象。这是因为我们在阅读时看到的东西与作者在写作

朱娜·巴恩斯的《夜林》（*Nightwood*），由阿尔文·卢斯蒂格于1947年设计。对页：原始底稿。

---

1 此处"堂堂正正的"原文为"honest"。

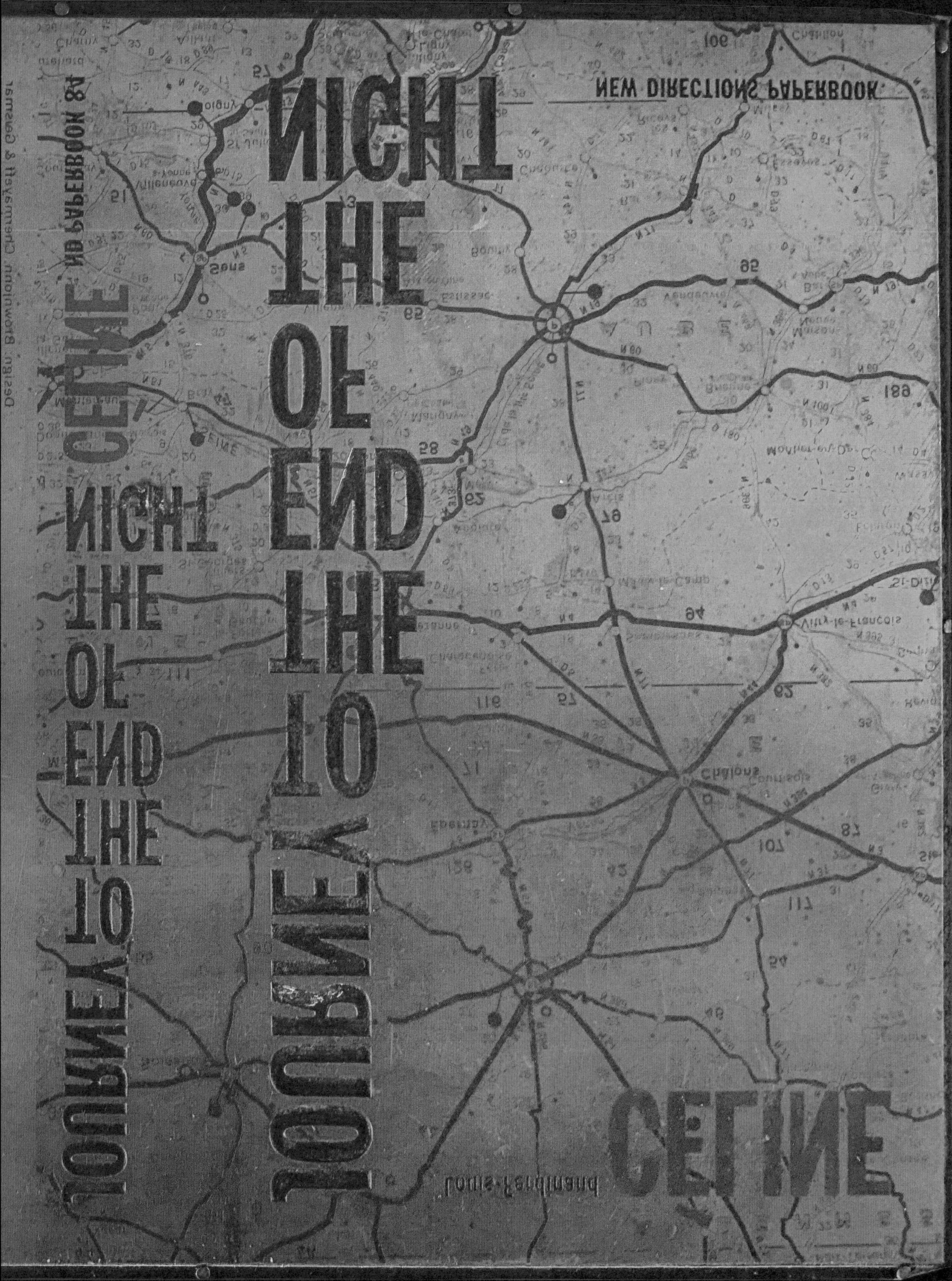
NEW DIRECTIONS PAPERBOOK
JOURNEY TO THE END OF THE NIGHT
Louis-Ferdinand
CELINE
CELINE
JOURNEY TO THE END OF THE NIGHT
ND PAPERBOOK 84
Design: Brownjohn, Chermayeff & Geismar

"乍看之下,这是一张解剖图;细看之下,才发现是一张作战地图。"
——洛林·斯坦,编辑

对页:《茫茫黑夜漫游》(1960)的封面(本页)印刷图版,作者:路易-费迪南·塞利纳,设计:布朗约翰-谢玛耶夫-盖斯玛设计事务所。

时没说出来的东西密切相关。以《白鲸》为例，梅尔维尔的叙述者以实玛利长什么样？梅尔维尔描述过他的外貌吗？当然不是像他描述"裴廓德号"上其他令人难忘的人物的身体形态那样。然而，作为小说的读者，我们觉得自己可以描绘以实玛利：他是我们的。《白鲸》开头的几页让我们与叙述者建立了亲密的关系，但梅尔维尔在没有完全描述以实玛利的情况下赋予了他活力。相反，我们担负起了填补空白的任务，这就是为什么由书改编成的电影会让人有被冒犯的感觉。

另一种方法是完全避免呈现人物。实物充满隐喻意义——尽管它们会透露人物和主题，但它们也会告诉我们很多关于书的氛围、基调和地点的信息——这就是它们常常能成为很好的封面图的原因。在封面上表现一个事件、一个地点或一个时间阶段也是不错的选择。这种选择在历史小说和类型小说中尤其有效，因为在这些小说中，叙事背景对情节和角色发展都非常重要。另外，有些书最好采用基于文本的封面，如著名作家的作品（光靠作家名就能把书卖出去）和有争议的书稿（其内容很难视觉化）。在任何情况下，书封的多重任务都可以概括为做到准确、诱人和巧妙，也许还得有一点聪明。在牢记这些目标的前提下，封面设计师不断绘制草图、设计、迭代、提交方案、修改，直到最终方案通过。

最后，书封的设计是一个修改和提炼的过程。正如柯尔和罗斯纳多年前指出的那样，封面设计师会将一部冗长而复杂的文字作品转化为一幅可以瞬间被接收的单一图像，封面因此看起来像是对意义的削减或曲解——体现出的意义比作者想表达的少，无法充分反映书稿内容。不过，在最佳情况下，封面设计是一项慷慨的举动，因为它在为作者与读者建立联系方面发挥了重要作用，或许是最重要的作用，正如它在以视觉为主的文化中为书面文字开辟了空间。从这个意义上说，一张好的图书封面不仅是诱人的营销手段，还是一种在热门文化中尊重长篇写作价值的小小的信仰行为。

图书封面的未来如何？没有人能给出明确答案。我们正在经历一场媒体革命，终点尚不清晰。尽管如此，在下一章中，我们将根据自己的经验，以及与出版专业人士、技术主管、作家和设计师的对话，冒险做出一些推测。我们知道的是，在被称为现代主义的早期媒体革命中，图书封面取得了作为一种独特图像艺术媒介的地位，所以它很可能在未来继续发展。

左上：大卫·佩勒姆为
J.G.巴拉德的《终点海滩》
画的封面草图。"那时候手机、
电脑和电子邮件还没问世，
一切都得用手来粘贴，
用墨水画在不同的透明图层上，
然后把它们收拾好，
交给邮差去送。"

右上：乔纳森·格雷为
乔纳森·萨福兰·弗尔的《了了》
（*Everything Is Illuminated*）
设计的手绘字体，这张封面
使用了以颜料在封面上
手写文字的方法。

底图：扬·奇肖尔德和
埃里克·埃尔加德·弗雷德里克森为
鹈鹕图书设计的试验性封面布局。

弗朗西斯·库加特为F.斯科特·菲茨杰拉德的首版《了不起的盖茨比》设计的护封草稿和水粉画终稿。

后现代主义的衰落和数字技术的崛起……
定义了我们这个时代的封面艺术。下图:
当代设计的工作空间。

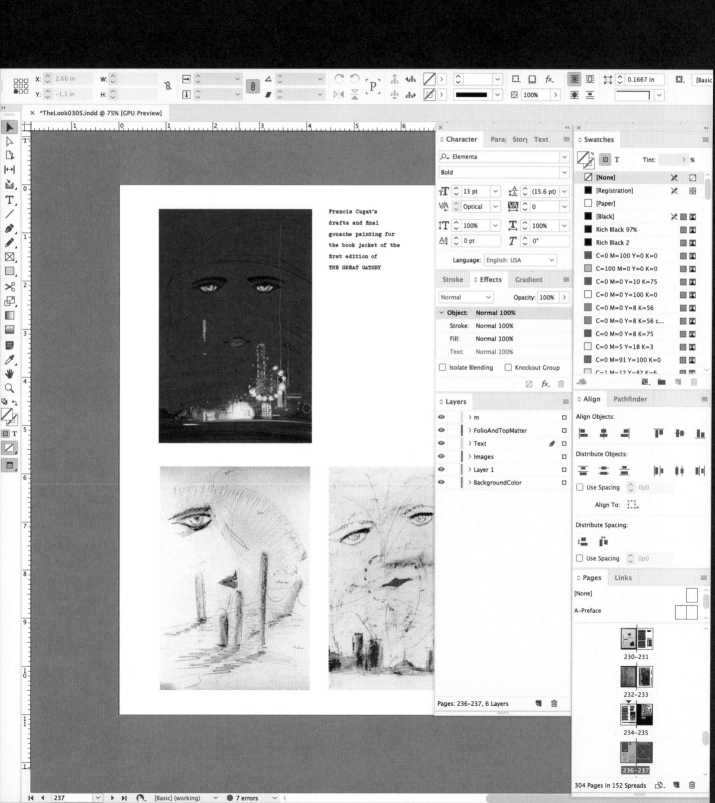

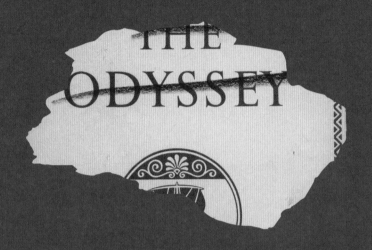

6.

两个案例研究:
《尤利西斯》和《白鲸》

彼得·门德尔桑德为《尤利西斯》所做的封面设计探索：覆写。

彼得·门德尔桑德为《尤利西斯》所做的封面设计探索:
重要主题——构想与视觉。

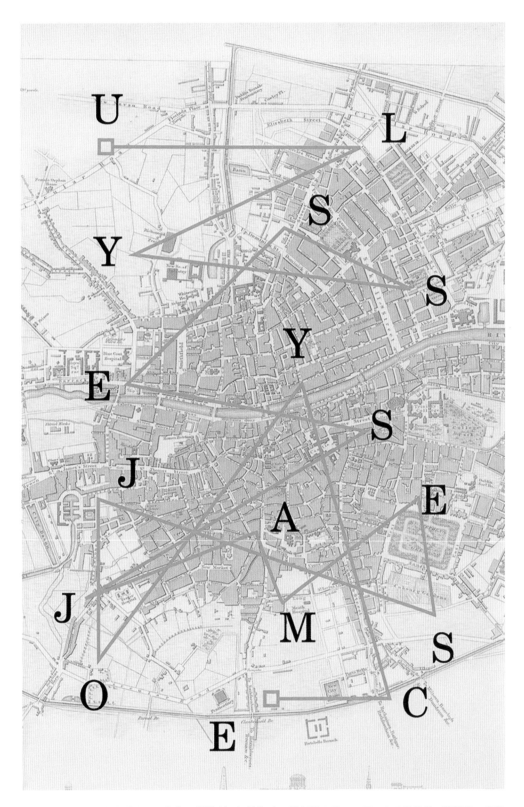

彼得·门德尔桑德为《尤利西斯》所做的封面设计探索：蜿蜒的石阵；下页：交叉的钥匙；斯蒂芬、摩莉和利奥波德的三位一体。

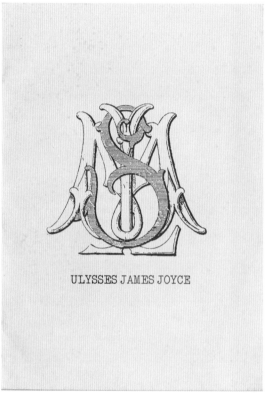

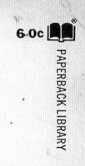

James Joyce's ULYSSES

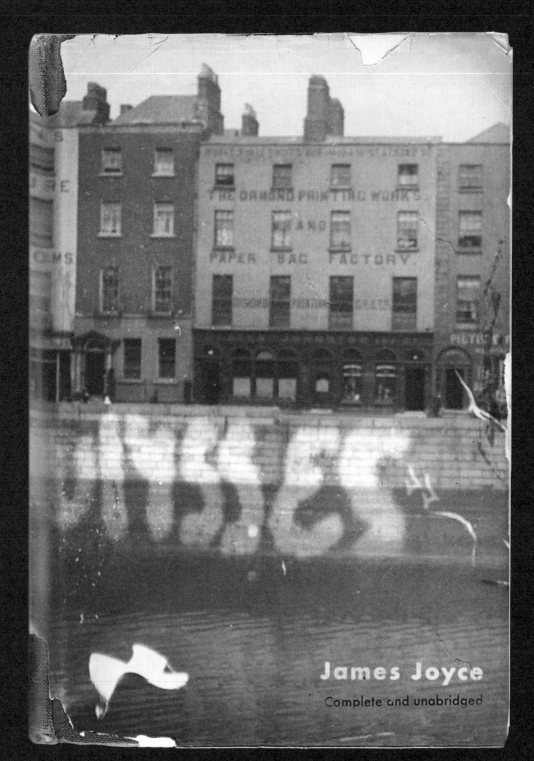

James Joyce

Complete and unabridged

彼得·门德尔桑德为《尤利西斯》所做的封面设计探索：码头旁、街道上的建筑风格。

"叫我
以实玛利。"

彼得·门德尔桑德为《白鲸》所做的封面设计探索。

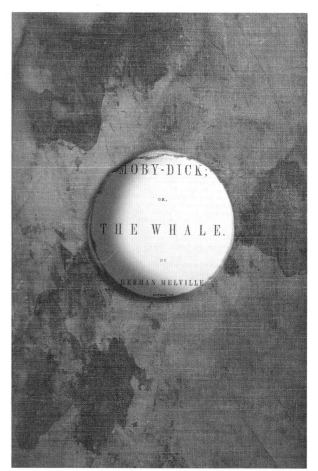
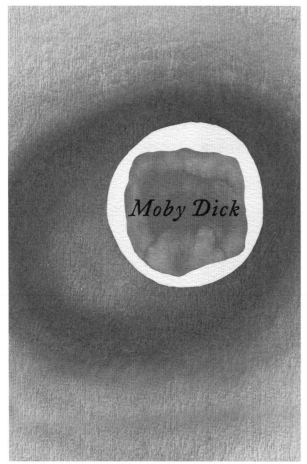
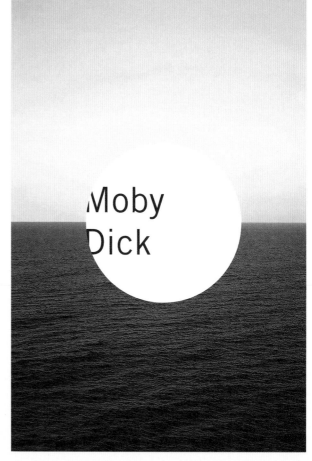

彼得·门德尔桑德为《白鲸》所做的封面设计探索：虚空。

彼得·门德尔桑德为《白鲸》所做的封面设计探索：作为奖品的古西班牙金币达布隆。

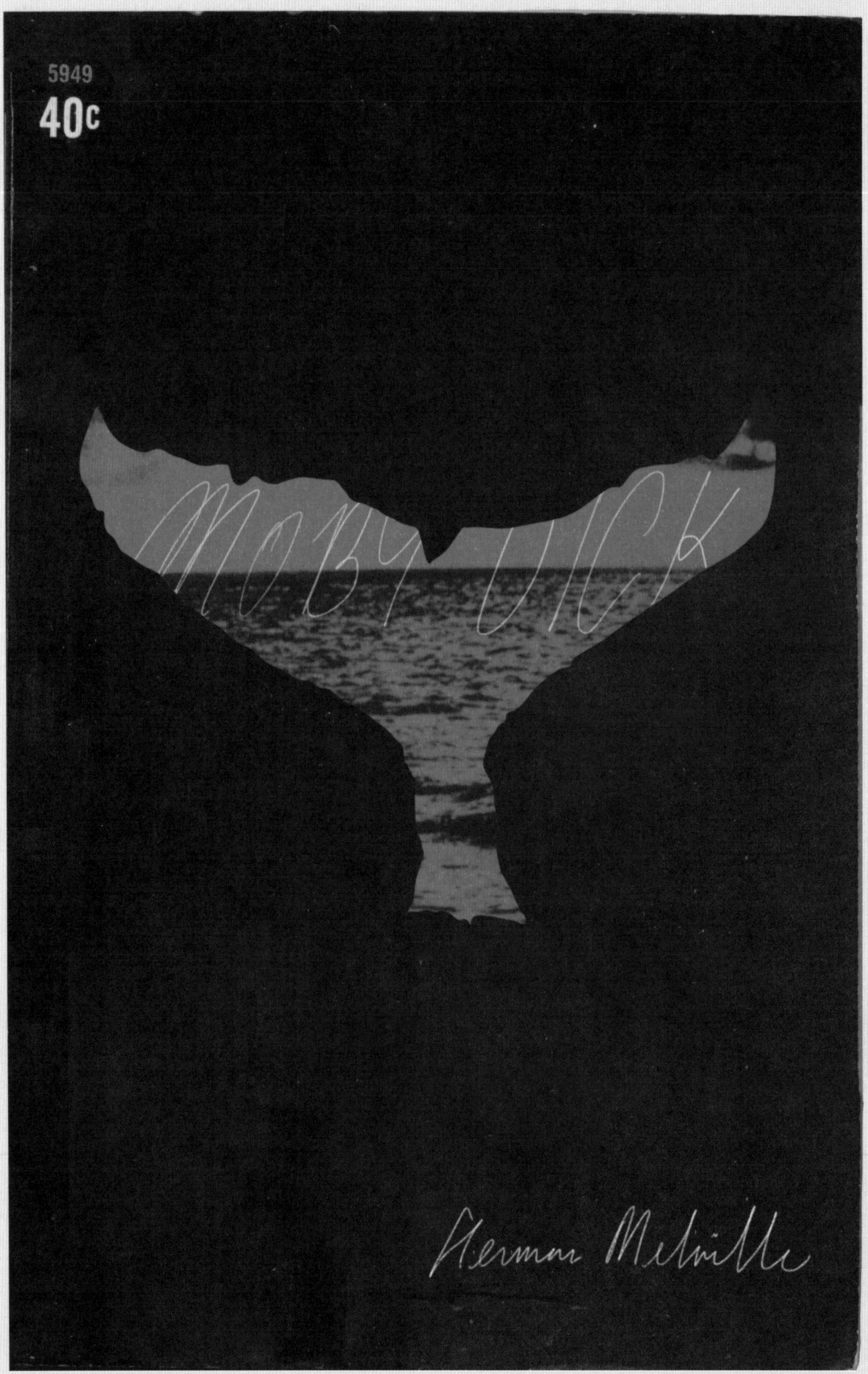
5949
40c
Moby Dick
Herman Melville

彼得·门德尔蓑德为《白鲸》所做的封面设计探索：否定。

太宰治

7. 书籍封面的未来

想想你们当地书店的展示台。上面陈列着各种各样的书，有的平摊在台子上，还有的立在小架子上。这些书大小不一、造型各异，封面也形形色色。有的以图为主，有的以文字为主，有的色彩格外丰富，甚至有些扎眼，还有的几乎说不上有什么装饰。你心血来潮，走入店中，也不确定自己在寻找什么。你扫着眼前的书，突然被一本书的封面吸引住了。你将它拿起来——就它了！你找到了你之前甚至都不知道自己想要的东西。

无论哪里的爱书人都知道"serendipity"（意外发现美好事物的运气）的意思。英国作家和艺术史学家霍勒斯·沃波尔在1754年创造了"serendipity"这个词，用来形容因为"意外和睿智"而有了出乎意料的"发现"这种情况。[99] 在现代一点的用法中，这个词几乎与"机遇"同义，因为它意味着随机出现的开心事。然而，沃波尔坚称机遇和设计、意外和睿智之间有着紧密的联系。虽然可能看上去你是刚巧撞上了那本完美的书，其实也许是市场调研和战略思维在你的经历中发挥了作用。书店员工为了提高这种意外的可能性才做了这样的图书陈列，他们的目标用户是有开放心态和好奇心的顾客。封面在这个过程中起到了至关重要的作用。你甚至还没有清楚地意识到，那本书就在你看到它的瞬间说服了你拿起它，快速翻阅，摩挲着它的纸页，掂量着它的分量——简而言之，说服你买下它。

在网上零售时代，"serendipity"的命运如何呢？既然大多数图书搜索都始于谷歌，终于亚马逊，意外发现好书这件事是否会像当代文化中大多数其他事物一样，被算法和人工智能取代，这便成了一个值得思索的问题。尽管如今独立书店再次兴起，但在书架间的过道上闲逛或在展示台前流连，听上去像是上个时代的活动。

或许也不能这么说。就拿波西米亚人的书架来举例吧。[100] 波西米亚人的书架是一款由国际设计师团队推出的数字工具，可以提供一种类似在实体书店或图书馆中随意浏览的体验，帮助人们意外发现好书。虽然用一个特定的词或短语来搜索一本书很常见，比如搜索一个类型标签或作者的名字，但波西米亚人的书架鼓励人们用一种不太常见的、不那么有目的的方法找书——与此同时，它以一种迷人的方式调动了图书封面的力量。一旦安装在网站或自助服务终端上，波西米亚人的书架就可以让用户通过多种路径来浏览藏书，其中一条路径完全是按照颜色整理的。这个系统（灵感来自易集网的"按颜色购物"功能）中的书是根据封面的颜色分类的，而不是按照它们的内容或类型摆放。这意味着挨着一本历史小说的可能是一本自助类畅销书。也许一开始你想找一本亚伯拉罕·林肯的传记，最后却发现了一本新的川菜菜谱，这仅仅是因为它们的封面颜色和饱和度相同。

如果波西米亚人的书架采用了最新的数字技术来改善老式的模拟过程，那么它不仅能让我们一瞥图书封面的未来，还能揭示这种媒介在21世纪的变化。自从图书封面成为平面设计的一种，它就被用来将信息可视化和激发好奇心。虽然数字技术的崛起改变了我们生产、搜索、购买图书和让图书流通的方式，但它并没有杀死实体书。恰恰相反：根据皮尤研究中心的报告，纸质书仍然是美国最受欢迎的阅读媒介。[101] 与此同时，美国书商协会报告说，独立书店正处于发展的黄金时代，其特点是销售数据强劲，利润增加，新店开张。[102] 还有，数字化强化了书封的某些功能，影响了封面艺术的趋势、风格和惯例。

波西米亚人的书架的设计师提到"serendipity"时，实际上指的是更广泛的可发现性（discoverability）问题。消费者和读者如何找到他们甚至不知道自己想要的东西？网页浏览、网上零售和社交媒体为读者提供了了解书的新途径，而越来越多的可发现渠道也产生了多重影响。一方面，"许多顾客在网上买书，主要是在亚马逊，又在社交媒体上发现想买的书，所以现在最重要的是创造在屏幕上吸睛的东西"。克诺夫双日出版社（Knopf Doubleday）数字产品开发总监詹妮弗·奥尔森解释说。通常，这意味着醒目的颜色，块状的、无衬线的文字和"扁平设计"：一种极简风格，在多个平台上都有很好的效果。虽然"设计精美、制作工艺繁多的封面可能会引发购买"，奥尔森继续说，"但这种情况越来越少了。"所以"比之过去，像烫印和击凸这样的印刷工艺现在对人们买书的推动力小得多"。[103]

另一方面，实体书的封面更加珍贵了。为了证明与电子书相比，精装书和平装书相对较高的价格是合理的，近年来，设计师们使用了一些特殊效果——立体印刷、3D成像、压印护封、模切、局部烫印或上光，以及触感迷人的非涂布纸——来利用实体书的有形特质。早在电子书出版的早期，设计师们就尝试过在电子书封面上添加一些特效，如可交换图像文件（GIFs）。然而，"消费者并不是特别感兴趣，零售商也不在营销和技术上提供支持。"奥尔森说。因此，出版商加倍努力，开始重新设想实体书封面的形式和功能。

总体上，这对独立书店来说是个可喜的发展。作为以书籍为装饰的室内空间，独立书店是"自然环境下"展示新书的关键场所。书越好看就意味着空间越吸引人。然而，当被问及封面艺术的现在和未来时，纽约市麦克纳利·杰克逊书店的老板萨拉·麦克纳利强调，图书封面不仅仅是装饰品："我大概知道我愿意读什么样的书，我也大概知道我愿意在我的书店里展示什么样的书。封面给了我视觉线索，让我知道我经手的是

什么类型的书，这是封面以尽力简洁的方式做到的。"[104]

可以肯定的是，封面瞬间传达了很多信息。从技术上讲，它们是空间艺术而不是时间艺术，这意味着，它们不像叙事文本、电影或电视节目，不会在相当一段时间内持续透露它们的内容。[105]这就是为什么麦克纳利只需匆匆一瞥，就能知道她手中的书"是主要针对喜欢悲剧故事的读者的煽情历史小说，还是叙事巧妙、出版格调高、有望获奖的历史小说，还是其他次类型小说"。她不读推介和其他营销文案，而是依靠封面设计师的作品来决定为书店采购什么样的书。"如果没有书籍设计师的作品，我会彻底疯掉。"她承认。

毫无疑问，封面在未来会继续将信息可视化。但和所有媒介一样，它们不仅仅是被动的渠道——也在塑造信息和意义的接收方式方面发挥着主动作用。"一本书越是让读者愿意冒着未知的风险拿起来一读，其封面就越重要。"文学经纪人克里斯·帕里斯-兰姆指出。[106]他还解释说，封面设计和其他营销优势（如知名度）之间存在反比关系。在21世纪出版业激烈的竞争中，一本书的优势越少，封面设计就越重要。像约翰·格里沙姆这样的作家不需要任何帮助就能引起注意，但如果作者不知名，或者书的主题晦涩难懂，封面就必须努力为产品开拓商机，建立受众群体，塑造书的接受度。

这是一种说法，即封面提供了表面上和隐喻上的边界。它们让我们把书当作独立的事物——一个信息、意义和价值的节点——来理解。在融合和混搭的网络世界里，一切似乎都相互渗透。根据作家和数字设计师克雷格·莫德的说法，"边界是帮助我们达成消费的关键框架"，正是因为它们，内容才有了限制。莫德说："在《纽约时报》的网站向下滚动浏览'经电子邮件转发最多

的'故事的感觉很好，就是这个原因——它有边界，不太更新，让你觉得可以读完所有故事。"[107]边界对创作同样重要，这是莫德在帮忙为苹果手机设计红板报（Flipboard）时学到的一课。红板报是一款将新闻、流行故事和社交媒体对话整合到单一订阅源中的应用。它很像波西米亚人的书架，使用定义宽泛的封面来组织和可视化数据，框定内容，并为集中注意力提供必要的边界。如果我们都像文学学者黛德丽·肖娜·林奇和伊芙琳·安德所主张的那样"在噪声中阅读"，那么封面就可以通过在一篇文章周围添加边界来为嘈杂消音。[108]

然而，当莫德和同事们完成红板报的设计时，他感到失落。他自问："我们创造了什么？"一个答案是"苹果操作系统应用商店中的一个应用程序——代表巨大工作的顶端的一小片"。另一个同样成立的回答是"一个共享文件夹中的997份设计稿；9695条指令提交；一捆画满草图的笔记本，还有应用发布当晚的几十张照片"。换句话说，这是一个过程的记录，一堆东西，重达整整8磅（约3.6千克）。为了保存这一切——记住这个过程，在它周围画下界限——莫德出了一本书，名叫《为苹果手机打造红板报之书》（*Flipboard for iPhone the Book*），他按需印制了这本书并运到办公室。他后来回忆说，在发布后的汇报中，当他把自己的作品扔在桌子上时，"可以感觉到房间里充盈着一种奇怪的慰藉感"。最后，我们都经历过的这个非实体的过程有了一些边界。这本书代表着……通常不会有终结的过程的终结。

这充满讽刺意味：设计数字化阅读未来的工作却被古老的抄本技术所俘获。这种讽刺表现出了夕阳媒体和新兴媒体、保存和传播内容的新旧技术之间的共存——甚至可能是依赖共生。毕竟，正如学者丽萨·吉特尔曼所言，一种媒介不能简单地取代另一种；相反，媒介作为文化生态中的有机体，会汇聚、结合、变形、进化，并争夺战略优势。[109]在社交媒体上，图书封面越来越多地被用作身份和生活方式的象征。与此同时，它们还会用名流和大师的推特作为背书。虽然在我们这个时代，人们对书的封面有着全新的想象，书的外观比以往任何时候都重要，但过去的痕迹仍然随处可见。21世纪一些最有趣的图书设计借鉴了现代主义和20世纪书籍艺术的丰富传统。[110]哈佛大学迈科技（metaLAB）的总监杰弗里·施纳普就指出了"在其模拟实体上双倍下注的数字时代图书"的崛起。[111]

事实上，当代图书文化的许多新举措都是一只眼盯着未来，另一只眼盯着过去。以"照片墙小说"（Insta Novels）为例，这是一个为"照片墙故事"（Instagram Stories）平台改编《爱丽丝梦游仙境》（*Alice's Adventures in Wonderland*）或《黄色壁纸》（*The Yellow Wallpaper*）之类的经典文学作品的程序。2018年，纽约公共图书馆与母亲设计公司（Mother）合作推出了照片墙小说，目标是为照片墙的4亿日活用户带来伟大的文学作品。[112]虽然看起来基于文本的艺术形式在照片共享的应用程序中没有立足之地，但设计师们找到了创新的方法，让每一段叙述都清晰易懂，使用户体验愉快。母亲设计公司的合伙人兼首席创意官科琳娜·法鲁西解释说："设计的每一个部分都是为了让故事最有趣，使用方法最简单，让它在照片墙的环境中最自然。"[113]文字既不太小也不太大，放在温暖的奶油色背景下，很容易让眼睛感到舒服。有一些小动画点缀在整个叙述中，起到了强化文本的作用。每个故事都以一类书的封面开始：原创设计使经典文学作品焕然一新。大家都认为这个项目是成功的。据图书馆估计，现在大约有3亿人通过这种方式读书。

苹果电子图书应用，《白鲸》，作者：赫尔曼·梅尔维尔，
设计：奥利弗·芒迪和彼得·门德尔桑德。

Le joueur d'échecs
Stefan Zweig

La coscienza di Zeno
Italo Svevo

La métamorphose
Franz Kafka

Alice's Adventures in Wonderland
Lewis Carroll

Frankenstein
Mary Shelley

Les Fleurs du mal
Baudelaire

Fables de La Fontaine

The Jungle Book
Rudyard Kipling

Don Juan Tenorio
José Zorrilla

即使这些是公版的故事，可以通过诸如"古登堡计划"（Project Gutenberg）这样的网站以纯文本的形式免费阅读，但读者仍然关心他们的书是如何包装的。这种洞察力正在推动文学和设计交叉领域的另一个创新项目：在苹果电子图书应用上发布以全新方式呈现的经典作品。从居伊·德·莫泊桑的《奥尔拉》（Horla）、查尔斯·波德莱尔的《恶之花》（Les Fleurs du Mal）和弗朗茨·卡夫卡的《变形记》等免费文本开始，苹果公司招募了设计团队，为每部作品都设计了引人注目的新封面。这样，从苹果下载图书的读者就可以有赏心悦目的审美体验了。"我们与一个由专业编辑、设计师和营销人员组成的团队合作，"封面艺术家之一奥利弗·芒迪说，"目标是创造独特的系列外观，使系列统一，有品牌感——从而吸引喜欢收集整套书的人——同时允许每本独立的书保留自身特点。对我们来说，重要的是这些封面既能忠实地代表独立文本，同时与作为整体的系列架构保持一致。"[114]

虽然这个项目包含了大约一百本书，但其实大部分设计时间都花在了《白鲸》上。"《白鲸》的封面有很多不同的版本，"芒迪懊悔地说，"初稿试图捕捉这本书包罗万象的特点，但我们发现这种方法缺乏感染力、强烈的情感或人性的感觉。"最终，设计师们同意在封面上画一个人物形象——也许是以实玛利或亚哈船长，也许是这两个人物的混合体——再用鲸鱼尾巴遮盖起来。"尾巴遮住了脸的部分，这样（人物）就保留了一定程度的抽象性和普遍性。"这对一部小说来讲是个合适的视觉能指，既高度具体，又有巨大的想象空间。

那么，书封的未来会是怎样的呢？也许这是个错误的问题，因为书封似乎有很多可能的未来。

无论是实体的还是数字的，它将继续可视化和交换信息，将在文本周围提供边界，从而将阅读体验框定为有界限且独立的。但正如本书指出的那样，封面不仅仅是完成这些基本任务。它们能将语言艺术转化为视觉形式，解读在它们覆盖下的文本，弥补照片之类的其他媒介，在人、机构和文化力量之间建立联系，彰显长篇写作在推特时代的价值，在这个注意力极易分散的时代尽其所能地吸引注意力。书封美化了我们的家园，象征着我们的兴趣和欲望。它们将文本与背景相结合的抽象区域具体化，通过风格和趋势展示文学如何与不断变化的文化相互作用。它们能做的还有更多。

书封有如此多的作用，也许我们应该效仿文化理论家雷蒙德·威廉姆斯的方法来思考它的未来。威廉姆斯建议人们看到任何文化产品中"主流、残余与新兴"的角色。[115]如果说波西米亚人的书架、红板报、照片墙小说和苹果电子图书应用代表了图书封面的新兴未来，那么这些设计都是建立在封面的残余功能——模拟实体——上的。如果说对于作为实物的书籍，对于作为内容经过精心策划的殿堂般的独立书店，人们的兴趣与日俱增，那么这种兴趣无疑是对疯狂动荡的现代生活的一种反应。

有一件事是肯定的：书封总在演变，随着不断地演变，它将继续揭示文学、文化、设计、技术、媒介和经济之间不断变化的关系。的确，书封正是诗人埃兹拉·庞德所说的"发光的细节"1的最佳例子：在拥挤的文化领域中的一个光点，使我们能够以一种新的方式看世界，[116]如果我们能停下来用足够长的时间思考这个问题的话。

1　一译"鲜明的细节"。

"对我来说，一张优秀的图书封面就像一本优秀的西班牙语版图书。设计师接过书稿，然后熟练地将其翻译成一门我能看明白却无法说明白的语言。这究竟是怎么做到的呢？我拿到最终成品的时候总会这么想。接过7万字的稿子，然后把它变成一张图。这难道不是奇迹吗？"

——大卫·赛德里，作家

8. 结语: 边缘处的对话

　　封面可以决定一本书的成败，所以当决定通过哪个方案时，风险是很高的。但幕后究竟发生了什么呢？出现在真实或虚拟书架上的封面是如何获得最终通过的？设计师约翰·高尔说："一场顶级的公司封面会议就像一次心理治疗。""你不喜欢绿色？继续……"[117] 作为阿尔弗雷德·A.克诺夫出版社的创意总监，高尔也参加过他说的这类会议，会议涉及的利益相关者不仅专业水平各异，对封面相关诸多因素的重视程度也各不相同，有时甚至是天差地别。例如，"一个人可能希望一本书被认真地当作文学作品对待，而另一个人的工作是把书摆进好市多超市里卖"。因此，正如设计师珍妮特·汉森解释的那样，甄选封面的过程会"意外地令人疲惫"。

　　事实上，即使书封会激发出人们截然不同的感受，但每个人似乎都同意它们很重要，这意味着每个人都对封面有自己的看法。在演讲中介绍设计过程时，高尔展示了一张信息图，上面记录了如果他采纳整个设计过程中接到的所有建议——来自出版社社长、副社长、编辑、总编辑、执行编辑、助理编辑、销售和市场专员、宣传人员、作者经纪人、作者的家人和朋友，还有作者的灵媒的建议——封面将会是什么样子！听起来像是许多反馈，但经验丰富的设计师已经习惯了。汉森抱怨："总能看到设计师在与那些毫无创见的要求做斗争。"而且随便什么人都要提要求。

在这个过程中，作者去哪儿了呢？在图书制作过程的最后阶段，新声音不断加入，甚嚣尘上，而作者就在这喧嚣声中奋力挣扎，争取让自己的声音被听到。小说家克莱尔·莫素德解释："你把文本交出去，让设计师干他们的活儿，如果你觉得受到了冒犯，就赶紧大声喊出来。"莫素德称，她和与她处在同一位置的其他人一样，可以影响最后的结果，但起不了决定性的作用。"我对我的书应该长什么样子失去了发言权，尽管要是封面上有我讨厌的地方，我可以发脾气，然后设计师会改。"小说家和摄影评论家特朱·科尔对这个过程及其参与者有类似的态度。"图书设计是专业化的，"他认为，"你不能说'哦，我想要这个或那个出现在我的书的封面上！'不行。出版社里有些人的工作就是为你做这个决定——实际上是说服你。我只是学会了尊重他们的专业。"

在本书中，我们一直认为封面在表面和隐含意义上都是联系的纽带。它们是真正的社交媒体，因为它们把不同的人、想法、欲望和需求聚集在一起。它们处于艺术和商业交汇的风口浪尖，引起了密切的关注和认真的探讨——它们应该有怎样的外观和感觉，应该起到什么作用，以及是什么让它们成为成功的审美对象、营销手段和用户界面。然而，对作者和设计师来说，传统的做法是各忙各的，或者让第三方（如编辑）来调停他们的互动。即使最终的审稿会议像高尔和汉森描述的那样有点吵闹，封面设计师和作者在会议之前的接触也很可能是有限的。以至于小说家蕾切尔·库什纳将其称为"设计师和作者之间的防火墙"。

尽管这种权力的分离是有正当理由的——设计师和作家一样，必须当心别人的过多干涉——我们最初把本书定位为一种合作的实验。我们想知道，作家和设计师能从对方身上学到什么？这种学习将如何重新定位我们对数字时代图书文化

改变方式的理解？为了探究这些问题，我们开展了数十次采访，从始至终收集了一些启发我们思考的见解。因此，作为给本书的一个合适的结尾，我们构思了一场研讨会：一场关于前面章节中提出的各种主题的对话，一场跨越了作者和设计师之间鸿沟的对话。但是，把所有的受访者都集中到一个房间里，即使不是不可能，也是不现实的。设计师忙着设计，作家忙着写作，而我们——读者——都在热切地等待着他们劳动的新鲜果实。

所以，我们没有召开一场真正的研讨会，而是转向了设计研究中的一种叫"关联映射"的技术。[118]这是一种简单而有力的方法，可以在不同受访者间发现共同的主题，同时了解受访者的真正意思而深挖他们的言下之意。无论是与设计师、作者还是其他出版专业人士交谈，某些主题会反复出现——品位、传达、过程和书籍恋物癖，等等。在这个项目上工作的时间越长就越确信，当我们谈论图书封面时，需要仔细和批判性地倾听我们所谈论的内容，因为这些看似微不足道的事情却能激起广泛而重要的感受与想法。[119]

评论家詹姆斯·伍德坦言："我猛然意识到这种矛盾——我对书的封面没有太多思考，可同时我又像大多数人一样有相当强烈的好恶、观点，等等。"这些观点很早就形成了。"说起我自己对书籍的审美趣味，"伍德继续说，"两件事导致我产生了某种优越感。一是我十几岁的时候读的是平装的和成卷的诗歌，比如封面整齐划一的费柏版，那种书往往没有插图。确切地说，我喜欢的正是文字带给我的思考。其中有种华丽的朴实感，对我来说也非常有吸引力。"

"出版商和编辑已经把文学品位和出版判断拱手让给了野蛮人。"——劳伦斯·拉兹金，设计师，给编辑的一封信，《纽约时报》

在外人看来，这种吸引几乎像是厌恶。"我是个真正的书籍破坏者，"伍德继续说，"我认为要把书籍变成自己的、把它们撕成碎片、折角、在上面写字、扔进浴缸等，这些都至关重要。"然而有趣的是，伍德"本能地没有拿精装书来做这些"，也许是因为就同一部作品而言，精装的总比平装的更有价值。谈到文学小说时，价值的问题永远不会远离我们的视野——"每个人，"科尔说，"都想看起来格调高雅。"——即使这个人正在好市多超市买书，身边是打折的纯平电视和短袜。

当然，品位这东西是说不清的，一个人眼中的"华丽的朴实"在另一个人看来可能就是懒于装饰。有没有让二者都满意的中间状态？对莫素德来说，这一切都在关于图书制作的细节里。"学生时期，我在位于纽约的企鹅旗下的维京出版公司工作了一个夏天。"她回忆道，"我为总编辑工作，在20世纪80年代末。那个时候，总编辑要为他们出版的每一本书做出各种决定。我知道设计一本书的过程中要做出的所有决定，因为我特别在意那份暑期工作。我感觉自己完全投入到了书的实体设计中。对我来说，重要的不仅仅是封面，还是纸料，是环衬，是字体和其他一切。"

将那个时代与我们现在相比，莫素德哀叹说，我们已经失去了对"小事上的庄重"的欣赏。相比之下，当小说家汤姆·麦卡锡第一次造访他的出版方企鹅兰登书屋在纽约的办公室时，给他留下的印象却是某种"大"。"我就像走进了一座大教堂。你可以看到巨大的玻璃墙，墙后面是书和放书的小阁子，可以追溯到20世纪40年代，那时像这样的公司才刚刚起步。能看到五六十年代的封面真是太好了，感受设计的高光时刻。它们真的太棒了。"

库什纳也欣赏这种早期的审美，但她更看重新颖性。"我觉得设计师应该让新事物看起来像新事物，"她说，"而不是复制上世纪中期的品位。"当然，大多数设计师都会同意这一点，但他们也

会强调，正如汉森所说："有时候，做出一张好护封的可能性很小。"这不仅是因为关键决策者偶尔会选择"毫无创见的"想法，也是由于技术和商业方面的限制。设计师奥利弗·芒迪表示了不满："亚马逊将缩略图提升到了无比重要的地位。想象一下，你的雄心壮志被压缩成邮票大小是什么感觉？"但与此同时，芒迪也提醒人们不要怀念过去的封面设计："人们总会情不自禁地回望计算机出现前的时代，像乔治·索尔特这样的人物创造了封面的所有元素。现在回想起来，这几乎像是一门艺术，但这位谦逊的设计师意识到了自认为是艺术家的危险。艺术家独自创作，不受外部指令的影响。而且艺术家蔑视认可。"

尽管如此，设计的合作性也有它的好处。芒迪解释道："如果我们将作家理解为我们设定场景中的艺术家，那就有趣了。设计师就变成了艺术的诠释者，我们的工作变成了一种反向的艺格敷词，从文本中倒推出戏剧性的视觉效果，像魔法一样神奇。"从作者的角度来说，麦卡锡对此表示赞同。"最好的书籍设计师，比如我在英国的同事苏珊娜·迪恩，非常擅长不完全按照文字描述为书'画插图'。相反，他们会解构叙事，将其分解成一些图像。从表面上看其源图像可能并不明显，但分解图像会在背后默默施加影响力，并最终将源图像的效果呈现出来。这堪称炼金术，我总是对其中的才能感到惊讶。"

无论被称为"魔法""炼金术"，还是"才能"，封面设计从未像今天这样重要。和其他事物一样，书籍必须与看似无穷无尽的数字化干扰物争夺我们的时间，而书封处于席卷社交媒体和移动媒体的注意力大战的前线。[120]虽然对书籍来说，这似乎是一个糟糕的时代，但以更长远的眼光看待历史有助于我们正确看待这一时刻。正如作家兼艺术家克雷格·莫德提醒我们的那样："书籍已经经历了十几次广播、电视、电影的篡权夺位，又遭到了智能手机的上百次篡权夺位。智能手机强大

到我们都无法转移视线。"尽管如此，作为实体书爱好者，莫德对未来还是很乐观的："我当然不认为实体书会很快消失，但我确实希望有足够多的读者来用真金白银支持这个行业。"他建议，面对"数字与抄本对峙"的局势，我们前进的正确方向是在抄本的特别之处上"双倍下注"，而它最重要的特别之处就是"有助于人们进入深度专注和集中的状态"。

同样，麦卡锡也没有沉浸在对书籍和书籍文化衰落（或所谓的衰落）的绝望中无法自拔。"我们总是对伴随自己成长的任何形式的媒体无比适应，并认为它们才是正道，"他断言，"出现的下一种媒体就像是某种背叛。二十年后，我们会告诉孩子们不要再在任何新媒体上浪费时间。"我们很容易想象未来的父母会如何责备他们的孩子："你怎么就不能在正经的笔记本电脑上看东西？！"

媒介关系的动态——文字、视觉、实体和虚拟媒介如何互动、竞争和融合——一直吸引着小说家麦卡锡，因为这些动态对文学形式的历史有重要意义。"如果回顾最早的小说，比如《鲁滨孙漂流记》（*Robinson Crusoe*），这样的作品绝对沉迷于自身的物质性。克鲁索为了他的墨水供应颇费了一番周折。塞缪尔·理查森问过：'我怎么才能找到写这部书稿的纸呢？'在《堂吉诃德》（*Don Quixote*）中，可以看到堂吉诃德和潘沙在第二本书的开头把书本身当作一个物体，说'我不喜欢这东西，也不喜欢它的形式'。"麦卡锡认为，这段历史很重要，尽管"互联网正在产生这个世界的数据"，"如今世界正在书写自己"，因为小说一

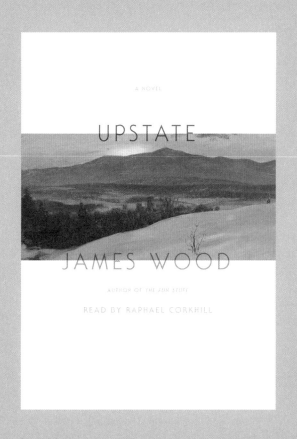

《州北》（*Upstate*，2018），作者：詹姆斯·伍德，封面设计：珍妮特·汉森。

《鲁滨孙漂流记》（1897），作者：丹尼尔·笛福，插图设计：麦克洛克林兄弟。

勒·柯布西耶的私人收藏版《堂吉诃德》，作者：米格尔·德·塞万提斯，装帧：他钟爱的雪纳瑞犬潘索的毛皮。对页：《不设防的城市》，作者：特朱·科尔，封面：林恩·巴克利。

直把自身视为境况艰难的、过时的艺术形式。"我们再说回《堂吉诃德》，这部小说的大前提就是小说本身行不通。[1]"

这是一种表达"小说一直是新媒体，也一直知道自己是新媒体"的方式，它与其他文化和审美形式密不可分，包括书和书的封面，麦卡锡称之为"位于艺术和商业的边缘地带，负债累累的、不虔诚的灵魂"。说到封面，科尔给出了一个不太一样但同样具有暗示性的比喻："我认为书的封面有点像电影原声带。大部分配乐并不惹人讨厌，但其实在某种程度上非常糟糕，因为它们相互间换换位置也没什么影响。它们是情感线索，在你看电影的时候告诉你该想什么。后来你听到了一段非常好的配乐，好到几乎要流泪，因为你在想'为什么别的配乐不能都像这段一样？'"换句话说，他的意思是，"好的封面"要"能引起共鸣，但不封闭；有吸引力，但不腻味"。

以科尔的《不设防的城市》（Open City，2011）的封面为例。这本书的编辑称小说的叙事像"发烧时做的模糊不清的梦"，为了传达这种特质，设计师为封面选择了能带来强烈视觉存在感的黄色。科尔断言："无论你把它放得多小，它都清晰而醒目。"然而，最初他想用一张照片作为设计主体，但出版商提出了不同的建议。"如果用照片，"他记得编辑曾告诉他，"人们会以为《不设防的城市》是一本非虚构的书。"最后，尽管最终设计不是科尔最喜欢的，但他不得不承认编辑说得对。"突然之间，这张黄色封面出现在大街小巷，人们都会对它有印象。这张封面建立了强烈的视觉识别。我现在喜欢它吗？我认为它搭配我的书效果完美吗？我不知道，因为现在对我来说，它已经是这本书身份的一部分了。"

1　《堂吉诃德》的故事发生在骑士绝迹一个多世纪的年代，主角堂吉诃德因为沉迷于骑士小说而幻想自己是中世纪骑士，做出了种种与时代相悖、令人匪夷所思的行径，这才有了小说的整个故事。

OPEN
CITY

TEJU COLE

a novel

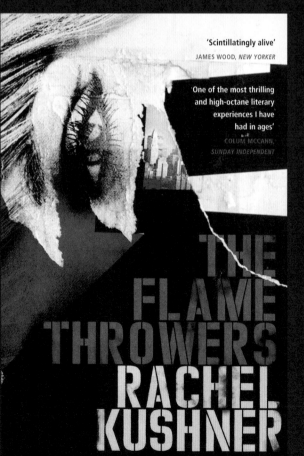

蕾切尔·库什纳的作品封面。
左上起沿顺时针方向：
《喷火器》（ *The Flamethrowers* ），
出版方：法勒、施特劳斯和吉鲁出版社，
封面设计：夏洛特·施特里克。
《蕾切尔·K奇案》
（ *The Strange Case of Rachel K* ），
出版方：新方向，封面设计：
保罗·塞尔。
《喷火器》，
出版方：哈维尔·赛克
（ Harvill Secker ），
封面设计：苏珊娜·迪恩。

对页底图：《火星俱乐部》
（ *The Mars Room* ）
作者：蕾切尔·库什纳，
彼得·门德尔桑德设计的未使用的
封面。库什纳对法国出版方
伽利玛的封面表示了
赞许（对页顶图）

库什纳也讲述了一段类似的相互妥协的经历，发生在她出版《喷火器》（2013）的时候。"我去纽约见了设计师，"她解释，"我给他看了我为封面准备的照片：20世纪70年代末罗马一本地下左派杂志上的一张真实女性的档案照片。结果每个看过的人都会下意识地说：'哦，你可不能把真人的照片放在小说封面上，因为人们会感到困惑，容易把她的形象与小说里的叙述者混为一谈。'"然而，出版商最终同意了使用出现在护封上的那张照片：一个用胶带封住嘴巴的女人的醒目特写。库什纳赞扬了封面设计师夏洛特·施特里克，因为施特里克选用了特别合适的字体，让封面有了一种整体感。"我怎么也想不到用那种字体，这绝对是书籍设计师特有的聪明才智发挥了作用，没有它就什么都没有。如果只有图，作为未经加工的材料的确可以为做一本貌美的书指出方向，但仅有这个是不够的。我把那次的封面设计视为一次合作，尽管那显然百分之百归功于她的才华。"

此外，库什纳觉得最开心的是，施特里克的设计让她开始以一种全新的方式看待《喷火器》。"我一开始对使用这张照片的内涵没有细想。照片中女子的嘴被胶带封住了，而讽刺的是，这本四百页的书都是她在对读者说话，但她的声音在不同地方被不同的男人淹没。"当库什纳考虑她的下一本书《火星俱乐部》（2018）的设计时，已经对出版过程中的合作持开放态度了。当她交出书稿时，"书名还没有确定"，所以在思考封面整体设计的同时在不同书名间做挑选是很有趣的。"我想知道设计师对书名的想法，因为不同的书名显然会从视觉上给设计带来不同的方向。我给他发了一堆图片，他也给我发了图片，我们还聊起了我们真正喜欢的书的封面。"

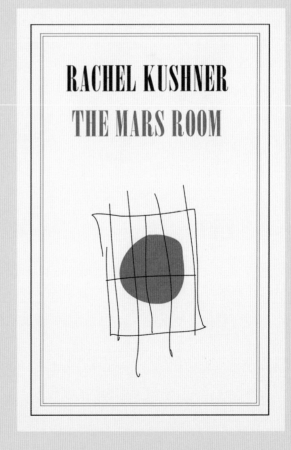

RACHEL KUSHNER

THE MARS ROOM

THE AUTHOR OF THE FLAMETHROWERS

A NOVEL

我想知道设计师对书名的想法，因为不同的书名显然会从视觉上给设计带来不同的方向。

——雷切尔·库什纳

Rachel Kushner The Mars Room

　　麦卡锡认为这个过程一定是在什么秘密计划的指导下展开的。"几个星期后,你走进办公室,他们可能会向你展示三四个不同的想法。"他解释说,"我猜他们会有意做些安排,比如先给你看他们不想要的那个方案,然后引导你选择他们真正想要的方案。"然而,这种带点小聪明的展示策略并没有影响麦卡锡的体验。"这挺有趣的,即使是那些最后没被选上的封面。通常这样的封面有四五张,它们仿佛形成了一个系列,组成了这本书的图片库。经过这个循序渐进的过程,看到我们一步步接近目标是非常兴奋的。"

　　在确定封面方案的过程中,设计师们应该有主见(或许还要机灵一些),因为"说到底,"正如高尔所说的那样,"没有人知道某个封面设计会不会让一本书获得成功。"那怎么算"成功"呢?对莫素德来说,成功意味着"熟悉但又有点不同的东西。如果太不一样,就成了挑战。所以这是有道理可循的,而且道理非常简单"。当然,成功和失败是相对的,在很大程度上取决于文化和历史环境。如果说我们的时代是一个社会和文化日益分化的时代,那么它也是一个伪关联、伪亲密的时代,即科尔所说的"人造密切"的时代。他坚持认为,我们应该抵制包围了图书文化的"关联性的蔓延"。"就好像人人都想要'有趣',可并非所有书都是'有趣的'。"

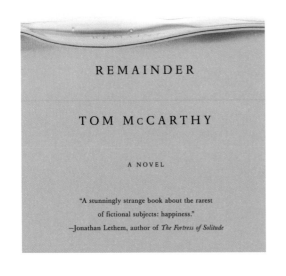

"就好像
人人都想要
'有趣',
可并非所有
书都是
'有趣的'。"

《记忆残留》(*Remainder*),作者:汤姆·麦卡锡。封面设计:约翰·高尔。对页:《列侬剧本》(*The Lennon Play*),作者:约翰·列侬、艾德丽安·肯尼迪和维克多·斯皮内蒂,封面设计:劳伦斯·拉兹金。

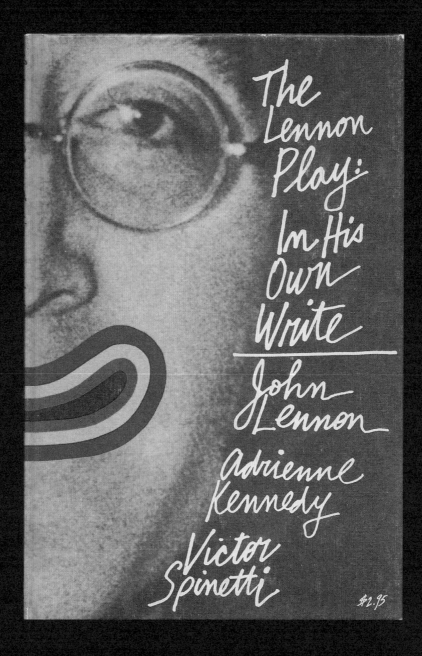

　　不，不是所有的书都有趣。相反，它们就像制作它们的人那样多元化：作者、设计师，以及其他年复一年地为全世界的读者和藏书人做书的出版业专业人士。

　　虽然我们很容易将书的封面视为无关痛痒的附属品，搁在一旁，但我们希望本书已经让你明白了它们的重要性——它们能够……

视觉化书里的
故事，

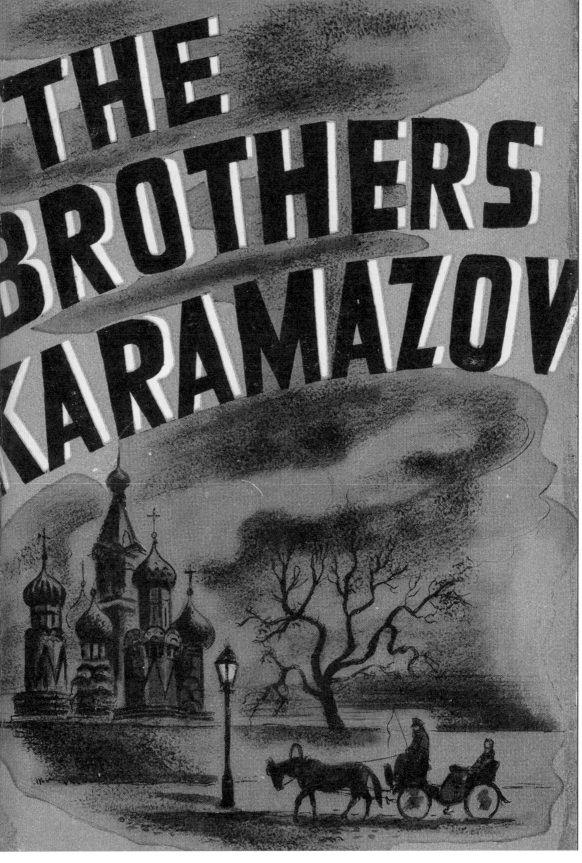

DOSTOYEVSKY

THE BROTHERS KARAMAZOV

95¢

THE
THIN
MAN
DASHIELL
HAMMETT

CRIME

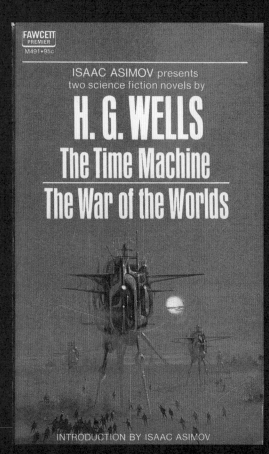

FAWCETT
PREMIER
M491•95c

ISAAC ASIMOV presents
two science fiction novels by

H. G. WELLS
The Time Machine
The War of the Worlds

INTRODUCTION BY ISAAC ASIMOV

THOMAS MANN
THE MAGIC
MOUNTAIN

阐释文本，

STICK YOUR NECK OUT

by Mordecai Richler

ANDRÉ GIDE

THE IMMORALIST

A NOVEL

A VINTAGE BOOK   V-8 $1.45

The Wisdom of the Heart
by Henry Miller

a new directions paperbook

MOONRAKER

IAN FLEMING

DELIVERANCE
A NOVEL BY
JAMES DICKEY

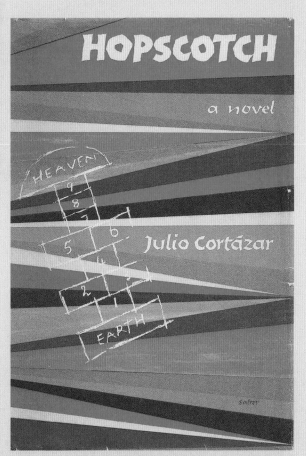

HOPSCOTCH

a novel

HEAVEN

Julio Cortázar

EARTH

REUNION &
REACTION

C. VANN WOODWARD

The story of how Northern Republicans and Southern
Democrats joined together in 1877, ending the era
of Reconstruction, and forming the basis for the
powerful conservative coalitions that were to in-
fluence American politics for generations to come.

SECOND EDITION, REVISED

A DOUBLEDAY ANCHOR BOOK

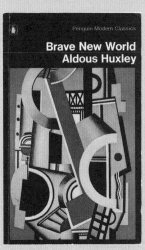

Penguin Modern Classics

Brave New World
Aldous Huxley

Penguin Modern Classics

Ralph Ellison
Invisible Man

而且，它们还会尽全力……

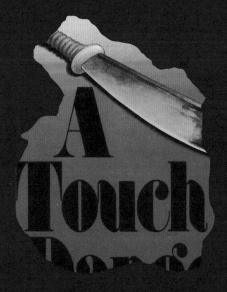

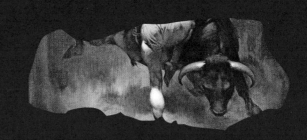

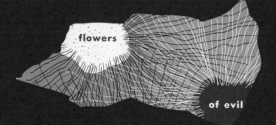

flowers

of evil

把人们团结
在一起。

TWICE

BY PAUL V. RUSS

术语表

除另有说明，所有定义均改编自《牛津英语词典》（*Oxford English Dictionary*）和约翰·卡特与尼古拉斯·巴克所著的《藏书ABC》（*ABC for Book Collectors*）。

BISAC CODE | BISAC代码：字面意思是"书业标准与通讯"，这些主标题规定了出版材料的分类或标签。BISAC代码作为分类系统的一部分，影响着读者和书商的期待。像文学类型一样，它们与出版的文本存在着一种有张力的关系，因为两者都不能完全决定对方。重要的是，多个BISAC代码可以连在一起使用，作为对指定书籍的一种有层次的描述。出版物的行业标准是三个代码，不过第一个代码对"上架"的影响最大，它决定了一本实体书在零售空间或图书馆的位置，或在数据库中的分类或标签。

BLURB | 推介：来自俚语，是位于一本书的护封或封面上吸引人阅读该书的文字，构成了其副文本的一部分。推介是赞美性的、引述的或者很绝对的评价，而且是整体护封设计的组成部分。有时，推介会通过摘录某方面专家或权威的评论来为一本书的优秀做背书。推介是在20世纪20年代和30年代之间开始在美国广泛流传的。

BOARD | 封板：将一本书的书页夹在中间的封装硬壳。该术语会让人联想到木材的坚固性，可以指任何硬质书封，过去有时起到装饰或点缀的作用。今天我们见到的可拆卸的书籍护封出现于19世纪20年代，用于封板的包装。起初，护封在设计时会完全复制装饰性封板上的图案。如果把护封比作衣服，那么封板就相当于人的身体。一开始，封板只是被当作一本完好的书的临时外套，后来买书人常常雇专业装帧师傅以皮革来包裹封板。近些年来，"纸包封板"的装帧方式又回来了，有时纸质书还会在没有护封的情况下出售，所有设计元素或装饰纹样都直接出现在封板本身最外层的纸上。

CLOTH, PUBLISHER'S CLOTH | 布料，出版商布料：到19世纪中期，出版商已经习惯用布面或硬壳装帧图书了，这种做法把保存书籍的成本从购买者转移到了出版商身上。这个过程包括使用帆布或其他廉价布料包裹封板和书脊。和封板一样，出版商的布料最初是以临时包装物的身份出现的，但为书做布面装帧很快就成为一种规范。这使得出版商开始在布封上做装帧，以区分出售的书籍。在设计书籍的外观和感觉时，要充分考虑布料的质地、纹理和颜色。布料有时会做压纹处理或做仿皮面的效果。书的护封大约就是在出版商开始使用布料时出现的。

COLOPHON | 末页题署：该术语源自它的本意（最后一笔或最后的润色），指的是表明书名、著者、印刷者、印刷时间和地点的印记或标志。在过去，这类信息放在书的最末页上，因此才有"从扉页到末页题署"的说法。大约从16世纪起，这些信息从首版开始就转移到了扉页上。这个术语也可以专门指出现在书脊上的出版商的标志。

CODEX | 抄本：该术语指的是出版图书的版式，典型特征是单边装订的叠页。几个世纪以来，为满足特定时期的出版需求，抄本取代了古代的卷轴，也经过了重新改造。

DECKLED EDGE | 毛边：纸张边缘经过粗切而未经整理的效果，看上去有一种手工制造的感觉。其中"deckle"（定纸框）是生产期间机器中用来控制纸张大小和厚度的部件。毛边可以为一本现代书带来古香古色的感觉，也有助于一本书的整体设计。一般来说，这种工艺比在现代印刷流程中按照惯例进行的裁切更为昂贵。为现代书籍制造毛边的情结被藏书家和历史学家称为"毛边癖"（deckle-fetishism）。

EKPHRASIS | 艺格敷词：一种艺术上的传统手法，运用该手法，文字描述可以唤起读者的视觉再现。举例来说，在《伊利亚特》中，荷马细致地描写了阿喀琉斯的盾牌如何像宇宙的缩微模型，这就属于"艺格敷词"。"反向艺格敷词"则指的是为了诠释一段文字而创作出来的图像。封面设计师的工作便是反向艺格敷词。

ENDPAPERS | 环衬页：在书的开头和结尾处出现的空白页。最外层常常黏附在封面上，被称为"衬页"（pastedown），而内层则是装订好的书页。历史上，环衬页可以印上图案、带有纹理或者为出版方打广告。在现代图书设计中，环衬页上可能有各种各样的文字，比如推介、营销文案，还有作者简介，或者地图、家谱、装饰图案之类的插图。

ERGODIC LITERATURE | 遍历文学：埃斯彭·阿尔塞斯在1997年创造了"遍历"（ergodic）一词，该词借用了希腊语中的"价值"和"路径"两个词。阅读用"遍历"来命名的文学，读者"需要付出巨大的努力"。对阿尔塞斯来说，这种努力并不针对任何特定媒介。遍历文学要求读者也参与构建他们阅读的文本。

GENRE, GENRE FICTION | 类型，类型文学：类型是文学上一种定义宽松的分类，如"史诗"或"浪漫色彩"。一本书的读者会因为该书的类型而对它产生特定的一系列期待，但类型并非严格的命名，它的弹性更大。文本通过回应类型和在类型的界限内展开而获得意义，同样，类型也回应作者呈现、书写和出版的内容。纯文学和类型文学之间的界限越来越模糊。

过去，类型文学意味着恐怖小说、奇幻小说、科幻小说、推理小说和其他有着庞大读者群的图书。现在，文学作品的作者开始利用类型文学中的惯例、套路、人物和背景来进行新的创作。

JACKET | 护封：首批护封作为装饰封板（如精装书）的保护性包装纸出现于19世纪20年代。在接下来的20世纪中，护封自身成了绘制插画的对象。重要的是，护封既是视觉意象，又有实体。

LENTICULAR PRINTING | 立体印刷：这种印刷技术可以制作比扁平表面更具维度和纵深的图像。通过立体印刷工艺制作出的图

书封面看上去就像是三维的，从不同角度看，就能看到不同效果，因此图像就像动起来一样，分外抓人眼球。与"立体"对应的英文词"lenticular"从字面意思上看与透镜或者眼睛的晶状体有关。

MEDIUM｜媒介：复杂术语，随着时间推移，含义也在不断扩充。在本书中，我们用的"媒介"指的是任何传播渠道（如报纸、电视、广播）和艺术创作使用的任何材料（如珐琅、大理石、纸）。从这个角度来说，书的封面是一种媒介。说到"传达"（mediation），通过这个过程，信号和含义可以从发送者传输给接收者。说到"媒介复用"（remediation），通过这个过程，一种媒介可以吞噬另一种媒介，比如一本书的封面可以利用推特网上的一句评论当推介。在马歇尔·麦克卢汉的《理解媒介》（1964）中，作者提出一个假设，即媒介不仅可以通过其传递的内容塑造人的体验，更重要的是，它可以通过其传递的结构和格式来实现。

MODERNISM｜现代主义：包罗万象的术语，出现在19世纪后期为突破传统而兴起的哲学、文化和美学运动中。现代主义席卷了艺术和文化的许多领域，包括图书设计和封面艺术。正如内德·德鲁和保罗·斯特恩伯格在《以貌取书：现代美国图书封面设计》（2005）中指出的那样，在20世纪中叶的美国，设计师通过对欧洲现代主义理念的改造成就了"图文的复杂结合"。立体主义、达达主义和未来主义之类的运动通过平面设计的镜头折射，创造了一种偏爱"纯几何"的规范视觉语言。

PAPERBACK｜平装本：以硬挺的纸张或柔韧性强的厚纸片（"包装纸"）装订的书，无论有无装饰都包括在内，有别于精装本。尽管极少的平装本可以追溯到15世纪，但其实平装本真正流行起来是在18世纪晚期。德国的陶赫尼茨出版社（Tauchnitz）率先推出了平装本，紧随其后的是英国企鹅旗下的艾伦·莱恩出版社（Allen Lane）。因为平装本没有精装本那么贵，所以有时候会在一部作品的精装本出版后稍晚一点面世，以低廉的价格促进销售。有时候一本书可能只有平装本，因为出版商认为这本书更适合以低价批量出售。廉价木浆纸的发明催生了现代平装书，"廉价纸浆小说"一词便由此而来。

PAPER STOCK, COATED/UNCOATED｜纸料，涂布（纸）/非涂布（纸）：虽然该术语也指造纸的原材料，但现在都指制作一本书所用的纸张类型，而且可以形容纸张的重量（厚度）、颜色和饰面材料。涂布纸料是指在纸上加一层可防止渗墨的黏土涂层，因有光面、绸面或亚光面而在触感上更光滑。墨无法被这样的纸吸收，而是停留在黏土涂层之上，所以才能有轮廓更清晰的字迹和更鲜艳的颜色。非涂布纸料没有这层涂层，虽然它可以由更光滑的表面或更具纤维感的纹理制成，但其印刷的图文会比在涂布纸上的略暗淡一些，因为墨水会经被吸收到纸张表面之下。

PARATEXT｜副文本：文学理论家热拉尔·热奈特在他出版于1987年的著作《副文本》（Paratexts）中将该术语定义为"让文本成为书之物"。副文本包括书名、前言、题记、作者照片、推介、致谢和封面——简而言之，它指一切将文本与世界和读者联系在一起的事物。因为封面设计师以副文本的媒介为业，所以他们称得上是副文本艺术家。

POSTMODERNISM｜后现代主义：和现代主义提出的突破传统一样，后现代主义设想取代现代主义，尽管它成功与否还有待探讨。目前还没有对"后现代主义"的统一定义。在文学领域，它通常指的是出版于20世纪60年代至90年代的文本，它们表现出自我意识，展示出自身构建时的"接缝处"。在《后现代主义，或晚期资本主义的文化逻辑》（Postmodernism, or, the Cultural Logic of Late Capitalism，1991）中，詹明信表示，后现代主义将现代主义看作可以通过拼凑来引用的材料。因此后现代主义的定义之一就是将媒介或风格故意混在一起。和现代主义推崇的寻找和真挚的情感表达不同，后现代主义的重点常常在于讽刺和怀疑主义。

SLIPCASE｜函套：为一本书或一套书量身定做并恰巧可以合适地将其容纳的盒子，旨在保护书籍的四个或五个面，只留一面在外，便于查看书脊。函套是过去用于保存珍贵或稀有版本书籍的多种包装类型之一。

SIGNIFIER｜能指：符号的物质形式（如一个声音、一个印出来的词、一幅图），区别于它的含义。封面设计师会在文本中寻找能指，然后把文字形式的能指转换成视觉上的能指。我们所说的"侵犯感最弱的能指"是指封面上的细节，它能恰到好处地把关于文本的信息传达给读者，让他们对书产生兴趣，同时不会透露关于情节、人物或主题的秘密。

STAMPED JACKET｜压印护封：在这种压印过程中，工人通过印刷机并利用黄铜印章或雕版制造图文印记。之后，压印护封和封面可能会经历烫印，这意味着压印图案上会加一层箔纸（通常是金箔纸或银箔纸）。在专业装帧师的操作下，压印其实是与击凸完全不同的处理工艺——传统的击凸使用染料——尽管二者得到的结果相似，而且二者有时会混用。

TIMED-RELEASE QUALITY｜缓释特质：最有追求的图书封面不会立即将设计的内涵和盘托出，相反，它们就像成功的视觉艺术一样，会随着时间推移逐渐凸显自身的意义，还会随着你的深入阅读而产生变化。

TRENDS AND TROPES｜趋势和套路：在文学或文化背景下，套路就是反复出现的主题或母题。图书封面的套路就是视觉线索，可以传达关于类型、主题、风格和形式的信息。举例来说，封面上若出现了一把带血的匕首，可能暗示着这本书与谋杀案有关。趋势则和书的内容联系比较弱，它是目前流行的套路。例如，在本书创作期间，封面设计方面的趋势就是块状字体和鲜艳颜色。

TIP SHEET｜书名与资料简介表：TIP是Title and Information Profile的简称。书名与资料简介表也被称为销售单，它提供了一本书的"执行概要"及其作者信息。一般来说，书名与资料简介表是由编辑起草的，会在出版社内部流动，也会传给其他出版业专业人员。书籍设计师会凭借一张书名与资料简介表来绘制封面的初版草图。

注释

第1章

［1］乔治·奥威尔，《为小说辩护》（*In Defence of the Novel*），http://orwell.ru/library/articles/novel/english/e_novel。

［2］卡米尔·帕利亚，《美国大学的危机》（*Crisis in American Universities*），http://gos.sbc.edu/p/paglia.html。

［3］参见大卫·黑文·布莱克，《沃尔特·惠特曼与美国名流文化》（*Walt Whitman and the Culture of American Celebrity*, New Haven, CT: Yale University Press, 2006）。

［4］"媒介，名词和形容词"，《牛津在线英语词典》，2018年6月。牛津大学出版社。http://www.oed.com.ezp-prod1.hul.harvard.edu/view/Entry/115772?redirectedFrom=medium。

［5］论艺术家为了创造新的审美对象将书籍本身当作媒介的丰富传统，参见乔安娜·德鲁克，《艺术家书的世纪》（*The Century of Artists' Books*, New York: Granary Books, 2004）第二版；加勒特·斯图尔特，《书籍研究：从媒介到概念到对象，再到艺术》（*Bookwork: Medium to Concept to Object to Art*, Chicago: University of Chicago Press, 2011）；安德鲁·罗斯等，《做书的艺术家》（*Artists Who Make Books*, London: Phaidon, 2017）。

［6］马歇尔·麦克卢汉，《理解媒介：人的延伸》（*Understanding Media: The Extensions of Man*, Cambridge, MA: MIT Press, 1994），8。

［7］A.司各特·伯格，《天才的编辑：麦克斯·珀金斯与一个文学时代》（*Max Perkins: Editor of Genius*, New York: New American Library, 1978），124。

［8］伊曼努尔·康德，《判断力批判》，保罗·盖伊·埃里克·马修斯译（*The Critique of the Power of Judgment*, Cambridge: Cambridge University Press, 2000）。

［9］席安娜·恩盖，《噱头的理论》（*Theory of the Gimmick*），《批评研究》（*Critical Inquiry*）43.2（2017年冬季刊）：463–505。

［10］热拉尔·热奈特，《副文本：诠释的门槛》，简·E.勒温译（*Paratexts: Thresholds of Interpretation*, Cambridge: Cambridge University Press, 1997），32。

［11］汤姆·麦卡锡，《撒丁岛》（New York: Knopf, 2015），133。

［12］克洛德·列维–斯特劳斯，《遥远的目光》，约阿希姆·纽格洛舍尔、菲比·霍斯译（*The View from Afar*, Chicago: University of Chicago Press, 1992），145–46。

［13］参见大卫·希尔兹，《真实饥渴：宣言》（*Reality Hunger: A Manifesto*, New York: Knopf, 2011）。

［14］埃斯彭·J.阿尔塞斯，《赛博文本——遍历文学概观》（*Cybertext—Perspectives on Ergodic Literature*, Baltimore: Johns Hopkins University Press, 1997），1。

［15］关于传统，参见乔安娜·德鲁克，《艺术家书的世纪》（New York: Granary Books, 2004）。

第2章

［16］赫尔曼·梅尔维尔，《露台故事和几篇散文，1839—1860》（*The Piazza Tales and Other Prose Pieces, 1839–1860*），出自《赫尔曼·梅尔维尔作品集》（*The Writings of Herman Melville*, 哈里森·海福德等编（Evanston, IL, and Chicago: Northwestern University Press and The Newberry Library, 1987），237–39。《关于图书装帧的一点浅见》（*A Thought on Book-Binding*）最初发表于1850年3月16日的《文学世界》（*The Literary World*）。

［17］本章中讲述的书封历史参考了以下资料：菲尔·贝恩斯，《设计成就企鹅：封面的故事，1935—2005》（*Penguin By Design: A Cover Story, 1935–2005*, New York and London: Penguin, 2016）；肯尼思·戴维斯，《便宜货文化：美国的平装书》（*Two-Bit Culture: The Paperbacking of America*, Boston: Houghton Mifflin, 1984）；内德·德鲁、保罗·斯特恩伯格，《以貌取书：现代美国图书封面设计》（*By Its Cover: Modern American Book Cover Design*, New York:

Princeton Architectural Press, 2005）；尤尔根·霍尔斯坦，《魏玛共和国时期的图书封面》（*The Book Cover in the Weimar Republic*, New York: Taschen, 2015）；基斯·休斯顿，《书：对我们这个时代最强大事物的全面探索》（*The Book: A Cover-to-Cover Exploration of the Most Powerful Object of Our Time*, New York: W. W. Norton, 2016）；菲利普·B.麦格斯，《平面设计的历史（第三版）》（*A History of Graphic Design, Third Edition*, New York: John Wiley and Sons, 1998）；保拉·拉比诺维茨，《美国廉价纸浆书：平装书如何让现代主义风格回归主流》（*American Pulp: How Paperbacks Brought Modernism to Main Street*, Princeton, NJ: Princeton University Press, 2013）；马丁·索尔兹伯里，《有插图的护封，1920—1970》（*The Illustrated Dust Jacket, 1920–1970*, London: Thames & Hudson, 2017）；G.托马斯·坦瑟，《护封：它们的历史、形式和用处》（*Book-Jackets: Their History, Forms, and Use*, Charlottesville, VA: The Bibliographical Society of the University of Virginia, 2011）。

［18］参见《书目记录与查询》（*Bibliographical Notes & Queries*），1.2（1935年4月），I。

［19］詹妮弗·舒斯勒，《哈佛确认馆中有人皮装帧藏书》（*Harvard Confirms Book Is Bound in Human Skin*），《纽约时报》，2014年6月5日，https://artsbeat.blogs.nytimes.com/2014/06/05/harvard-confirms-book-is-bound-in-human-skin/。

［20］伊迪斯·刘易斯，《薇拉·凯瑟的生活：一段私人记录》（*Willa Cather Living: A Personal Record*, Lincoln, NE: University of Nebraska Press, 1953），109–10。

［21］1927年4月27日阿尔弗雷德·A.克诺夫给埃尔默·阿德勒的信，阿尔弗雷德·A.克诺夫出版社档案室731号箱9号文件夹，得克萨斯大学哈里·兰塞姆中心。

［22］关于乔伊斯小说的相关争议，参见凯文·伯明翰，《最危险的书：为乔伊斯的〈尤利西斯〉而战》（*The Most Dangerous Book: The Battle for James Joyce's Ulysses*, New York: Penguin, 2014）。

［23］雷克尔留下了大约550张尺寸为3×5的索引卡片，上面写的都是他关于设计的想法。经玛莎·斯科特福德策划筹办，2013年，这些卡片得以在哥伦比亚大学珍本与手稿图书馆的《恩斯特·雷克尔：清醒的印刷设计师》（*Ernst Reichl: Wide Awake Typographer*）展览（http://www.ernstreichl.org/）上展出。本书引用的所有雷克尔语录均来自哥伦比亚大学档案室的卡片。

［24］弗里德里希·基特勒，《留声机，胶卷，打字机》，杰弗里·温斯洛普–杨、迈克尔·伍兹译（*Gramophone, Film, Typewriter*, Stanford, CA: Stanford University Press, 1999），xxxix。

［25］"阿尔文·卢斯蒂格：生平笔记"，1939—1940，阿尔文·卢斯蒂格的论文，1935—1955，史密森学会，美国艺术档案馆。

［26］参见路易斯·梅南德，《廉价纸浆书的重大时刻》（*Pulp's Big Moment*），《纽约客》，2015年1月5日。

［27］参见拉比诺维茨，《美国廉价纸浆书》（*American Pulp*）。

［28］转引自拉比诺维茨，《美国廉价纸浆书》，35–37。

［29］转引自拉比诺维茨，《美国廉价纸浆书》，255–60。

［30］转引自梅南德，《廉价纸浆书的重大时刻》。

［31］参见约翰·B.汤普森，《文化商人：21世纪的出版业》（*Merchants of Culture: The Publishing Business in the Twenty-First Century*, London: Plume, 2013）。

［32］德鲁与斯特恩伯格，105。

［33］转引自史蒂文·海勒，《有大书相的男人》（*The Man with the Big Book Look*），《印刷》（*Print*）第56期，1（2002）：49。

［34］史蒂文·海勒，《狂热的拼贴画艺术家》（*Passionate Collagists*），《印刷》（1983年9月/10月刊）：47–67。

［35］哈尔·福斯特，《真实的回归：世纪末的艺术与理论》（*The Return of the Real: Art and Theory at the End of the

Century*, Cambridge, MA: MIT Press, 1996）。

［36］转引自弗里德里希·基特勒，《留声机，胶卷，打字机》，杰弗里·温斯洛普–杨、迈克尔·伍兹译（Redwood City, CA: Stanford University Press, 1999），200。

［37］关于"可供性"这个概念，参见唐纳德·诺曼，《设计心理学》（*The Design of Everyday Things*, New York: Basic Books, 2013）。

［38］对萨拉·麦克纳利的采访，电子邮件，2019年3月。

［39］关于这些趋势和数字，可参见玛格特·波伊尔–德里，《欢迎来到图书封面的浓眉大眼照片墙时代》（*Welcome to the Bold and Blocky Instagram Era of Book Covers*），秃鹫网站（*Vulture*），2019年1月31日，https://www.vulture.com/2019/01/dazzling-blocky-book-covers-designed-for-amazon-instagram.html。

第3章

［40］亚历山德拉·阿尔特，《对石黑一雄而言，〈被掩埋的巨人〉是一次出发》（*For Kazuo Ishiguro, 'The Buried Giant' Is a Departure*），《纽约时报》，2015年2月19日，https://www.nytimes.com/2015/02/20/books/for-kazuo-ishiguro-the-buried-giant-is-a-departure.html?_r=0。

［41］詹姆斯·伍德，《遗忘的用处》（*The Uses of Oblivion*），《纽约客》，2015年3月23日，http://www.newyorker.com/magazine/2015/03/23/the-uses-of-oblivion。

［42］格伦·邓肯，《最后的狼人》（*The Last Werewolf*, New York: Alfred A. Knopf, 2011），98。

［43］同上。

［44］邓肯，《最后的狼人》，43。

［45］参见热拉尔·热奈特，《副文本：诠释的门槛》，简·E.勒温译（Cambridge: Cambridge University Press, 1997）。

［46］关于这一点的详细信息，可参见伊莱恩·史卡利，《由书而梦》（*Dreaming by the Book*, Princeton, NJ: Princeton University Press, 2001）。

［47］本·斯托尔茨福斯，《阿兰·罗布–格里耶和超现实主义》（*Alain Robbe-Grillet and Surrealism*），MLN 78.3（1963): 271–77。

［48］阿兰·罗布–格里耶，《献给一部新小说：关于虚构作品的论文集》（*For a New Novel: Essays on Fiction*），理查德·霍华德译（Evanston, IL: Northwestern University Press, 1989）：18–19。

［49］石黑一雄，《被掩埋的巨人》（New York: Alfred A. Knopf, 2015），297。

［50］石黑一雄，《被掩埋的巨人》，284。

［51］关于这个话题，参见詹姆斯·A.W.赫弗南，《文字博物馆：从荷马到阿什贝里的造型描述诗学》（*Museum of Words: The Poetics of Ekphrasis from Homer to Ashbery*, Chicago: University of Chicago Press, 1993）。

［52］伍德，《遗忘的用处》；厄休拉·勒古恩，《他们会说这是奇幻小说吗？》（*Are they going to say this is fantasy?*），http://www.ursulakleguin.com/Blog2015.html#New。

［53］石黑一雄，《被掩埋的巨人》，258。

［54］菲利普·罗斯，《写美国小说》（*Writing American Fiction*），《评论》（*Commentary*）杂志，1961年3月1日，https://www.commentarymagazine.com/articles/writing-american-fiction/。

［55］希拉·海蒂，《采访戴夫·希基》（*Interview with Dave Hickey*），《信徒》（*The Believer*）杂志，2007年11月/12月刊，https://www.believermag.com/issues/200711/?read=interview_hickey。

［56］劳伦·费奥多尔，《制作无法去除的"文身"》（*Making "Tattoo" Indelible*），《华尔街日报》（*The Wall Street Journal*），2010年7月16日。

［57］关于此观点，如想了解更多，可参见彼得·戴维森，《北方的观念》（*The Idea of the North*, London: Reaktion Books, 2005）。

[58] 布拉德·斯通,《一网打尽:杰夫·贝索斯与亚马逊时代》(*The Everything Store: Jeff Bezos and the Age of Amazon*, New York: Little, Brown and Company, 2013)。

第4章

[59] 参见 W. J. T. 米切尔,《媒体研究中的批评术语》(*Critical Terms for Media Studies*, Chicago: University of Chicago Press, 2010)中的"图像",W. J. T. 米切尔与马克·B. N. 汉森编。

[60] C. S. 皮尔斯,《文选》(*Collected Works*, Cambridge, MA: Harvard University Press, 1931—1958)第2卷中的《图标、索引和符号》(*The Icon, Index, and Symbol*),查尔斯·哈特肖恩和保罗·韦斯编;欧文·潘诺夫斯基,《图像学研究:文艺复兴艺术中的人文主题》(*Studies in Iconology: Humanistic Themes in the Art of the Renaissance*, Oxford: Oxford University Press, 1939)。

[61] 彼得·柯尔,《设计一本书的护封》(London and New York: The Studio Publications, 1956),85。

[62] 尤金妮亚·威廉姆森,《封面女孩》(*Cover Girls*),《波士顿环球报》(*The Boston Globe*),2014年6月28日。

[63] 埃利奥特·罗斯,《单一书籍封面的危险:金合欢树的梗与"非洲文学"》(*The Dangers of a Single Book Cover: The Acacia Tree Meme and "African Literature"*),《非洲是一个国家》(*Africa Is a Country*),2014年5月7日;迈克尔·西尔弗伯格,《每本关于非洲的书都有同样丑不好看的封面的原因》(*The Reason Every Book about Africa Has the Same Cover—And It's Not Pretty*),石英网(*Quartz*),2014年5月12日。

[64] 利昂·维斯提耶,《尼克尔森·贝克的极限》(*The Extremities of Nicholson Baker*),《纽约时报》,2004年8月8日。

[65] 莎伦·阿达罗,《以貌取书:危险的书》(*Judging a Book by Its Cover: Dangerous Books*),电子杂志《书海浪子》(*Bookslut*),2004年9月刊。

[66] 参见埃里克·洛特,《爱与窃:黑面歌舞团和美国工人阶级》(*Love and Theft: Blackface Minstrelsy and the American Working Class*, Oxford: Oxford University Press, 1993);W. E. B. 杜波依斯,《黑人的灵魂》(*The Souls of Black Folk*, Chicago: A. C. McClurg, 1903),13。

[67] 萨姆·斯科特,《〈回家之路〉背后的故事》("The Story Behind *Homegoing*"),《斯坦福杂志》(*Stanford Magazine*),2017年6月13日。

[68] 对奥利弗·芒迪的采访,电话,2018年3月。

[69] 对海伦·彦西的采访,电话,2018年3月。

[70] 梅格·沃利策,《第二层书架:男人与女人的文学作品法则》(*The Second Shelf: On the Rules of Literary Fiction for Men and Women*),《纽约时报》,2012年3月30日。

[71] 秋香·哈(Thu-Huong Ha),《为什么这本精彩的畅销书ири有这么一张俗气的封面?》(*Why Does this Brilliant, Bestselling Book Have such a Cheesy Cover?*),石英网,2015年9月20日。

[72] 米里亚姆·克鲁尔,《"用有点粗俗的方式包装一个极为考究的故事":采访埃莱娜·费兰特的艺术总监》("*Dressing a Refined Story with a Touch of Vulgarity*": An Interview with Elena Ferrante's Art Director),石板网(*Slate*),2015年8月28日,https://slate.com/culture/2015/08/elena-ferrante-neapolian-novels-cover-design-an-interview-with-the-publisher-or-europa-editions-on-the-books-dreamy-illustrations.html。

[73] 艾米莉·哈尼特,《埃莱娜·费兰特作品的糟糕封面的妙处》(*The Subtle Genius of Elena Ferrante's Bad Book Covers*),《大西洋月刊》(*The Atlantic*),2016年7月3日。

[74] 丽贝卡·索尔尼特,《女人不该读的80本书》(*80 Books No Woman Should Read*),文学中心网站(*Literary Hub*),2015年11月18日。

[75] 卡罗琳·克里亚多-佩雷斯,《看不见的女性:揭露为男性设计的世界中的数据偏见》(New York: Abrams, 2019),1。

[76] 《看不见的女性》(*Invisible Women*),"99% Invisible",播客,2019年7月23日。

[77] 克莱尔·莫索德,《楼上的女人》(New York: Knopt, 2013),3。

[78] 关于这个话题,参见《你会想和亨伯特·亨伯特做朋友吗?:一个关于"好感度"的论坛》(*Would You Want to Be Friends with Humbert Humbert?: A Forum on "Likeability"*),《纽约客》,2013年5月16日。

[79] 对卡罗尔·迪瓦恩·卡尔森的采访,电子邮件,2019年11月。

第5章

[80] 查尔斯·罗斯纳,《护封的艺术》(*The Art of the Book-Jacket*, London: Victoria and Albert Museum, 1949),3。

[81] 引自威廉姆·维德和苏珊·格里芬编,《批评的艺术:亨利·詹姆斯论批评理论与实践》(*The Art of Criticism: Henry James on the Theory and the Practice of Criticism*, Chicago: University of Chicago Press, 1986),20。

[82] 詹姆斯·W. 赫弗南,《字词博物馆:从荷马到阿什贝里的艺格敷词诗学》(*Museum of Words: The Poetics of Ekphrasis from Homer to Ashbery*, Chicago: University of Chicago Press, 1993),3。

[83] 彼得·柯尔,《设计一本书的护封》(London and New York: The Studio Publications, 1956)。

[84] 彼得·柯尔,《设计一本书的护封》,7。

[85] 彼得·柯尔,《设计一本书的护封》,10。

[86] 关于美国的廉价纸浆平装书革命,参见保拉·拉比诺维茨,《美国廉价纸浆书:平装书如何将现代主义带入主流社会》(*American Pulp: How Paperbacks Brought Modernism to Main Street*, Princeton, NJ: Princeton University Press, 2014)。

[87] 彼得·柯尔,《设计一本书的护封》,7。

[88] 玛格特·波伊尔-德里,《欢迎来到图书封面的浓眉大眼照片墙时代》,秃鹫网站,2019年1月31日,https://www.vulture.com/2019/01/dazzling-blocky-book-covers-designed-for-amazon-instagram.html。

[89] 对克里斯·帕里斯-兰姆的采访,电话,2019年2月。

[90] 玛格特·波伊尔-德里,《欢迎来到图书封面的浓眉大眼照片墙时代》。

[91] 彼得·柯尔,《设计一本书的护封》,7。

[92] 彼得·柯尔,《设计一本书的护封》,9。

[93] 彼得·柯尔,《设计一本书的护封》,19。

[94] 彼得·柯尔,《设计一本书的护封》,20。

[95] 彼得·柯尔,《设计一本书的护封》,29。

[96] 参见,如埃伦·勒普顿,《思考字体:设计师、作家、编辑、学生的批评指南》(*Thinking with Type: A Critical Guide for Designers, Writers, Editors, Students*, Princeton, NJ: Princeton Architectural Press, 2010)。

[97] 彼得·柯尔,《设计一本书的护封》,29。

[98] 彼得·柯尔,《设计一本书的护封》,30。

第7章

[99] "serendipity, n." 线上牛津英语词典,2019年3月,Oxford University Press, http://www.oed.com.ezp-prod1.hul.harvard.edu/view/Entry/176387?redirectedFrom=serendipity(访问时间:2019年4月15日)。

[100] 爱丽丝·萨德,波西米亚人的书架,http://www.alicethudt.de/BohemianBookshelf/。

[101] 安德鲁·佩兰,《2016年读书报告》(*Book Reading 2016*),皮尤研究中心网站,2016年9月1日,https://www.pewresearch.org/internet/2016/09/01/book-reading-2016/。

[102] 美国书商协会,https://www.bookweb.org/for-the-record。

[103] 对詹妮弗·奥尔森的采访,电子邮件,2019年3月。

[104] 对萨拉·麦克纳利的采访,电子邮件,2019年3月。

[105] 约瑟夫·弗兰克,《现代文学中的空间形态:三段式论文》(*Spatial Form in Modern Literature: An Essay in Three Parts*),《塞沃尼评论》(*The Sewanee Review*)53.4, 1945年秋季刊,643–53。

[106] 对克里斯·帕里斯-兰姆的采访,电子邮件,2019年2月。

[107] 克雷格·莫德,《数字-实体:论为苹果手机设计红板报应用和寻找数字叙事的边界》(*The Digital-Physical: On Building Flipboard for iPhone & Finding the Edges of our Digital Narratives*),https://craigmod.com/journal/digital_physical。

[108] 黛德丽·肖娜·林奇和伊芙琳·安德,《引言—阅读时间》(*Introduction—Time for Reading*),《美国现代语言学协会会刊》(*PMLA*)133.5, 2018年10月刊,1073–82。

[109] 丽萨·吉特尔曼,《总是新的:媒体、历史和文化数据》(*Always Already New: Media, History, and the Data of Culture*, Cambridge, MA: MIT Press, 2006)。

[110] 关于这个传统,参见乔安娜·德鲁克,《艺术家书的世纪》第二版,(New York: Granary Books, 2004)。

[111] 杰弗里·施纳普,"双倍下注(或比亚乔的未来)" ["Doubling Down (or FuturPiaggio)"],http://jeffreyschnapp.com/2017/01/07/doubling-down-or-futurpiaggio/。

[112] 纽约公共图书馆员工,《照片墙小说:将经典文学引入照片墙故事》(*Insta Novels: Bringing Classic Literature to Instagram Stories*),2018年8月22日,https://www.nypl.org/blog/2018/08/22/instanovels。

[113] 凯瑟琳·施知布,《成千上万用照片墙读小说的人,他们可能造就未来》(*Hundreds of Thousands of People Read Novels on Instagram. They May Be the Future*),《快公司》(*Fast Company*)商业杂志官网,2019年9月25日,https://www.fastcompany.com/90392917/the-next-big-reading-platform-may-be-instagram。

[114] 对奥利弗·芒迪和彼得·门德尔桑德的采访,2020年2月。

[115] 雷蒙德·威廉姆斯,"主流、残余与新兴"("Dominant, Residual, and Emergent"),选自《马克思主义与文学》(*Marxism and Literature*, New York: Oxford University Press, 2009),121–8。

[116] 迪米特斯·P. 特里福诺普洛斯和斯蒂芬·J. 亚当斯编,《埃兹拉·庞德百科全书》(*The Ezra Pound Encyclopedia*, Westport, CT: Greenwood Press, 2005)。

第8章

[117] 感谢朱·科尔、约翰·高尔、珍妮特·汉森、蕾切尔·库什纳、汤姆·麦卡锡、克莱尔·莫素德、克雷格·莫德、奥利弗·芒迪和詹姆斯·伍德参与本书项目。对他们的采访普通过电话和电子邮件完成于2017年至2019年。

[118] 关于此技术的描述,参见 https://www.interaction-design.org/literature/article/affinity-diagrams-learn-how-to-cluster-and-bundle-ideas-and-facts。

[119] 关于这一现象,参见利亚·普莱斯,《当我们谈论书籍时我们在谈论什么》(*What We Talk about When We Talk about Books*, New York: Basic Books, 2019)。

[120] 深入分析可参考吴修铭,《注意力商人:他们如何操弄人心? 揭密媒体、广告、群众的角力战》(*The Attention Merchants: The Epic Scramble to Get Inside Our Heads*, New York: Knopf, 2016)。

版权声明

Cover design by Paul Bacon. 092 *Nobody's Angel* by Thomas McGuane. Cover design by Lorraine Louie. 092, 153 *Compulsion* by Meyer Levin. Cover design by Paul Bacon. 092 *The Divided Self* by R.D. Lang. Cover design by Martin Bassett. 092, 157 *The Electric Kool-Aid Acid Test* by Tom Wolfe. Cover design by Milton Glaser. 092 *Trip to Hanoi* by Susan Sontag. 092 *The Spy Who Came In from the Cold*, by John Le Carré. 092 *Black Power*, By Stokely Carmichael and Charles W Hamilton 092, 101 *Ulysses* by James Joyce. Cover design by Carin Goldberg. 093 *The Lover* by Marguerite Duras. Cover design by Louise Fili. 093 *Who Will Run the Frog Hospital?* by Lorrie Moore. Cover design by Barbara de Wilde. 093 *Everything is Illuminated* by Jonathan Safran Foer. Cover design by Jonathan Gray. 093 *On Bullshit* by Harry G. Frankfurt. 093 *Where'd You Go, Bernadette* by Maria Semple. Cover design by Keith Hayes. 093 *La Métamorphose* by Franz Kafka. Cover design by Oliver Munday and Peter Mendelsund. 093 *The Bonfire of the Vanities* by Tom Wolfe. Cover design by Fred Marcellino. 093 *Jurassic Park* by Michael Crichton. 093 *By Its Cover: Modern American Book Cover Design* by Ned Drew and Paul Sternberger. 093 *The Sonnets and A Lover's Complaint* by William Shakespeare. Cover design by Coralie Bickford-Smith. 093 *Scenes from a Childhood* by Jon Fosse. 093 *Madame Bovary* by Gustave Flaubert. 093, 173 *Fates and Furies* by Lauren Groff. Cover design by Rodrigo Corral. 095 *Sea Tales* by James Fenimore Cooper. 096 *Mars in the House of Death* by Rex Ingram. Cover design by W.A. Dwiggins. 099 *Ulysses*, first edition, 1922, by James Joyce. 100 Cover of the first U.S. edition of *Ulysses* by James Joyce. Cover design by Ernst Reich using a typeface designed by Paul Renner. 100 Case-wrap of the first U.S. edition of *Ulysses* by James Joyce. Cover design by Ernst Reich using a typeface designed by Paul Renner. 101 *Ulysses* by James Joyce. Cover design by Edward McKnight Kauffer. 101 *Ulysses* by James Joyce. Cover design by Carin Goldberg. 102 *Zen and the Japanese Culture* by D.T. Suzuki. Cover design by Paul Rand. 102 *The Unnamable* by Samuel Beckett. Cover design by Roy Kuhlman. 102 *In the Winter of Cities* by Tennessee Williams. Cover design by Elaine Lustig Cohen. 105 The original mechanical for Penguin Books. Designed by Edward Preston Young. 106-107 Back cover of the first edition of *Other Voices, Other Rooms* by Truman Capote. Cover design by Sol Immerman. 108 *The Private Life of Helen of Troy* by John Erskine. Cover design by Rudolf Belarski. 109 *Metamorphosis* by Franz Kafka. Cover drawing by Yosl Bergner. 109 *Metamorphosis* by Franz Kafka. Cover art by Roger Kastel. 109 *Metamorphosis* by Franz Kafka. Cover design by Vanessa Guedj. 110 *Hiroshima* by John Hersey. Cover design by Geoffrey Biggs. 111 *Victory* by Joseph Conrad. Cover design by Edward Gorey. 111 *The Wanderer* by Alain-Fournier. Cover design by Edward Gorey. 111 *Nineteenth Century German Tales* edited by Angel Flores. Cover design by Edward Gorey. 111 *Chance* by Joseph Conrad. Cover design by Edward Gorey. 112 *Catcher in the Rye*, by J.D. Salinger. Cover design by James Avati. 113 *A Clockwork Orange*, by Anthony Burgess. Cover design by David Pelham. 114 *Saint Jack* by Paul Theroux. Cover design by Paul Bacon. 116 *Taking Care* by Joy Williams. Cover design by Lorraine Louie. 116 *Suttree* by Cormac McCarthy. Cover design by Lorraine Louie. 116 *Bright Lights Big City* by Jay Mcinerney. Cover design by Lorraine Louie. 117 *Cat's Cradle* by Kurt Vonnegut. Cover

design by Carin Goldberg. 117 *Bluebeard* by Kurt Vonnegut. Cover design by Carin Goldberg. 117 *Slapstick* by Kurt Vonnegut. Cover design by Carin Goldberg. 117 *Player Piano* by Kurt Vonnegut. Cover design by Carin Goldberg. 118 *The Correspondence* by J.D. Daniels. Cover design by Na Kim. 119 *The Complete Plain Words* by Sir Ernest Gowers. Cover design by David Pelham. 120. Book images courtesy of the Smithsonian Institution. 121. Book images courtesy of the Smithsonian Institution. 122 *A Masque of Days* by Charles Lamb. Cover design by Walter Crane. Image courtesy of the Smithsonian Institution. 122 *The Yellow Book: Volume III*. Cover design by Aubrey Beardsley. Image courtesy of the Smithsonian Institution. 122 *My Garden in Autumn and Winter* by E.A. Bowles. Cover design by Katherine Cameron. Image courtesy of the Smithsonian Institution. 122 *To the End* by C. Lockhart-Gordon. Image courtesy of the Smithsonian Institution. 122 *The Feet*. Image courtesy of the Smithsonian Institution. 122 *Vera, the Medium* by Richard Harding Davis. Image courtesy of the Smithsonian Institution. 123 *Too Curious* by Edward John Goodman. Image courtesy of the Smithsonian Institution. 124 *Zement* by Fjodor Gladkow. Cover design by John Heartfield. Courtesy of Jane and Stephen Garmey. 125 *Architecture of Vkhutemas*. Cover design by El Lissitzky. Courtesy of Jane and Stephen Garmey. 127 *Kamen.' Pervaia Kniga Stikhov (Stone. First Book of Verse)* by Osip Mandelshta. Cover design by Aleksandr Rodchenko. Courtesy of Jane and Stephen Garmey. 127 *L'Art Decoratif et industriel de l'U.R.S.S 1925*, cover by Aleksandr Rodchenko. Courtesy of Jane and Stephen Garmey. 127 *State Planning Committee for Literature*, 1925, cover by N.N. Kuprianov. Courtesy of Jane and Stephen Garmey. 127 *Selected Verse* by Nikolai Aseev. Cover by Aleksandr Rodchenko. Courtesy of Jane and Stephen Garmey. 128-129 *The Modulor*, by Le Corbusier. 130 *The Voyage Out* by Virginia Woolf. Cover design by Vanessa Bell. 130 *Three Guineas* by Virginia Woolf. Cover design by Vanessa Bell. 130 *The Years* by Virginia Woolf. Cover design by Vanessa Bell. 130 *The Waves* by Virginia Woolf. Cover design by Vanessa Bell. 130 *Mrs. Dalloway* by Virginia Woolf. Cover design by Vanessa Bell. 131 *A Room of One's Own* by Virginia Woolf. Cover design by Vanessa Bell. 131 *On Being Ill* by Virginia Woolf. Cover design by Vanessa Bell. 131 *The Common Reader* by Virginia Woolf. Cover design by Vanessa Bell. 132 *Verve*. Cover by Henri Matisse. 133 *Les parents terrible* written and cover design by Jean Cocteau. 134 *The New Negro*, edited by Alain Locke. Case design by Aaron Douglas, Image courtesy of the Smithsonian Institution. 135 *The New Negro*, edited by Alain Locke. Cover design by Aaron Douglas, Image courtesy of the Smithsonian Institution. 136 *Brave New World* by Aldous Huxley. Cover design by E. McKnight Kauffer. 137 *Notes of a Native Son* by James Baldwin. Photograph by Paul Horn. 138 *The Catcher in the Rye* by J.D. Salinger. 139 *The Catcher in the Rye* by J.D. Salinger. Cover design by E. Michael Mitchell. 140 *Caligula and 3 Other Plays* by Albert Camus. Cover design by George Giusti. 141 *The Fervent Years* by Harold Clurman. Cover design by Paul Rand. 142 *The Wig* by Charles Stevenson Wright. Cover design by Milton Glaser. 143 *On the Road* by Jack Kerouac. Cover design by Bill English. 144 *The Fall* by Albert Camus. Cover design by Mel Calman and Graham Bishop. 144 *The Handmaid's Tale* by Margaret Atwood. Illustration by Fred Marcellino. 144 *Mrs. Wallop* by Peter DeVries. Cover by John Alcorn. 144

The Captive Mind by Czeslaw Milosz. Cover design by Paul Rand. 145 *Steppenwolf* by Herman Hesse. Cover design by Williams A. Edwards. 146 *Art of the Novel* written and designed by Milan Kundera. 147 *The Flounder* written and cover illustration by Günter Grass. 148 *Black Boy* by Richard Wright. 150 *The Case of the One-Eyed Witness* by Erle Stanley Gardner. 151 *Kidnap: The Shocking Story of the Lindbergh Case*, by George Waller. 151 *The Velvet Underground* by Michael Leigh. Cover design by the Paul Bacon Studio. 151 *The Raft* by Robert Trumbull. Cover design by George A. Frederiksen. 151 *Hang-Up* by Sam Roos. Cover design by James Bama. 152 *The Franchiser* by Stanley Elkin. Cover design by Lawrence Ratzkin. 153 *Compulsion* by Meyer Levin. Cover design by Paul Bacon. 154 *Ashes to Ashes* by Emma Lathen. Cover design by Lawrence Ratzkin. 155 *The Stories of John Cheever*. Cover design by Robert Scudelari. 156-157 *Discotheque Doll* by Ann Radway. Cover design by James Bama. 152 *The Knacker's ABC* by Boris Vian. Cover by Roy Kuhlman. 156-157 *The Stand*, by Stephen King. Cover art by John Cayea. 156-157 *Sophie's Choice* by William Styron. Cover design by Paul Bacon. 156-157 *Mein Kampf* by Adolf Hitler. Cover design by Lawrence Ratzkin. 156-157 *Leave Me Alone* by David Karp. Cover design by Paul Rand. 156-157 *Of Mice and Men* by John Steinbeck. 156-157 *Hawthorne's Short Stories*. Cover art by Ben Shahn. 156-157 *The Godfather* by Mario Puzo. Cover design by S. Neil Fujita. 156-157 *Siddhartha* by Herman Hesse. Cover design by Alvin Lustig. 156-157 *This Yielding Flesh* by Paul V. Russo. Cover art by Paul Rader. 156-157 *Moby Dick* by Herman Melville. Cover design by Seymour Chwast. 156-157 *Song of Solomon* by Toni Morrison. Cover design by R.D. Scudellari. 156-157 *Death at the President's Lodging* by Michael Innes. Cover design by Romek Marber. 156-157 *Damage* by Josephine Hart. Cover design by Carol Devine Carson. 156-157 *Fahrenheit 451* by Ray Bradbury. Illustrated by Joseph Mugnaini. 156-157 *Hopscotch* by Julio Cortazar. Cover design by George Salter. 156-157 *The Invisible Man* by H.G. Wells. Cover design by Robert Korn. 156-157 *Sexual Politics* by Kate Millett. 156-157 *Pierre or The Ambiguities* by Herman Melville. Cover design by Roy Kuhlman. 156-157 *The Other* by Thomas Tryon. Cover design by Paul Bacon. 156-157 *Where Water Comes Together with Other Water* by Raymond Carver. Cover design by Carin Golberg. 156-157 *Swords and Deviltry* by Fritz Leiber. Illustrated by Jeff Jones, Michael Whelan Darrell Sweet. 156-157 *Transparent Things* by Vladimir Nabokov. Cover design by Marc J. Cohen. 156-157 *The Sun Also Rises* by Ernest Hemingway. 156-157 *Thérèse* by François Mauriac. Cover design by Edward Gorey. 156-157 *Zazie* by Raymond Queneau. 156-157 *Laughable Loves* by Milan Kundera. Cover design by Walter Brooks. 156-157 *Slapstick* by Kurt Vonnegut. Cover design by Joel Schick. 156-157 *Birdy* by William Wharton. Cover illustration by Fred Marcellino. 156-157 *Money* by Martin Amis. 156-157 *Against Interpretation* by Susan Sontag. 156-157 *Tinker, Tailor, Soldier, Spy* by John LeCarré. 156-157 *Brideshead Revisited* by Evelyn Waugh. Cover design By Peter Bentley. 156-157 *Groucho and Me* by Groucho Marx. 156-157 *Stronger Than Passion* by George Byram. Cover illustration by A. Leslie Ross. 156-157 *Lafcadio's Adventures* by André Gide. Cover design by Antonio Frasconi. 156-157 The *Colossus and Other Poems* by Sylvia Plath. Cover design by Joe Del Gaudio. 156-157 *The Trial* by Franz Kafka. Cover design by Georg Salter. 156-

Cover design by Paul Bacon Studios. 275 *Reunion & Reaction* by C. Vann Woodward. Cover design by Leonard Baskin. Typography by Edward Gorey. 275 *Brave New World* by Aldous Huxley. 275 *Invisible Man* by Ralph Ellison. Cover art by Ben Shahn. 275 *Moonraker* by Ian Fleming. Cover design devised by Fleming, completed by Kenneth Lewis. 275 *Hopscotch*, by Julio Cortazar. Cover design by George Salter.

致谢

多年来，为这个项目做出贡献的有：Beth Blum、Bill Brown、Vincent Brown、Glenda Carpio、Carol Devine Carson、Teju Cole、James F. English、Sarah McNally、John Gall、Henry Louis Gates Jr.、David Pearson、Jonathan Gray、Jamie Keenan、Gary Fisketjon、David Pelham、Jonathan Pelham、Janet Hansen、Kaitlin Ketchum、Annie Marino、Jane Chinn、Lisa Regul、Rachel Kushner、Chip Kidd、Chris Parris-Lamb、Günter Leypoldt、Deidre Lynch、Barbara Epler、Alison MacKeen、Helen Yentus、Sharon Marcus、Jesse McCarthy、Tom McCarthy、Eric White、Scott Musty、Claire Messud、Craig Mod、Oliver Munday、Kinohi Nishikawa、Catie Peters、Leah Price、J. D. Schnepf、John Stauffer、Jenny Wapner、James Wood、Lorin Stein、Jane Garmey、Erik Rieselbach、Glenn Horowitz、Jay McInerny、Jennifer Pouech、Paul Spella、Chloe Scheffe 和史密森学会，还有数十年来为这笔伟大的历史遗产添砖加瓦的所有书籍设计师。谢谢大家。

本书前面有些部分曾刊登在大众图书网站（*Public Books*）和学术期刊《英语文学史》（*ELH*）上。感谢这些出版机构的编辑允许我们将这部分内容再版。

哈佛书店、哈佛大学、海德堡美国研究中心、马恒达人文中心、荷兰文学研究学院和斯坦福大学的听众认真聆听了我们的有关讲座并提出了非常有见地的问题。

本书的部分内容得到了哈佛大学人文系和文理学院的资金支持。感谢院长 Mike Smith、Robin Kelsey 和 Heather Lantz 的支持。

索引

图书在版编目（CIP）数据

如何设计一本书？：护封、封面，与文学边缘的艺
术 /（美）彼得·门德尔桑德，（美）大卫·J. 奥尔沃思
著；万洁译 . -- 上海：上海文化出版社，2023.9
　ISBN 978-7-5535-2768-0

　Ⅰ. ①如… Ⅱ. ①彼… ②大… ③万… Ⅲ. ①书籍装
帧一设计 Ⅳ. ① TS881

中国国家版本馆 CIP 数据核字 (2023) 第 108035 号

THE LOOK OF THE BOOK: Jackets, Covers & Art at the Edges of Literature
by Peter Mendelsund and David J. Alworth
Copyright © 2020 by Peter Mendelsund and David J. Alworth
Simplified Chinese edition copyright © 2023 United Sky (Beijing) New Media Co., Ltd.
This translation published by arrangement with Ten Speed Press, an imprint of Random
House, a division of Penguin Random House LLC

著作权合同登记号　图字：09-2023-0243 号

出　版　人：姜逸青
策　　　划：联合天际·文艺生活工作室
责任编辑：顾杏娣
特约编辑：邵嘉瑜　姜文
封面设计：艾藤
美术编辑：梁全新　程阁

书　　名：如何设计一本书？——护封、封面，与文学边缘的艺术
作　　者：［美］彼得·门德尔桑德　　［美］大卫·J. 奥尔沃思
译　　者：万洁
出　　版：上海世纪出版集团　上海文化出版社
地　　址：上海市闵行区号景路 159 弄 A 座 3 楼 201101
发　　行：未读（天津）文化传媒有限公司
印　　刷：北京雅图新世纪印刷科技有限公司
开　　本：889×1194　1/16
印　　张：18.25
版　　次：2023 年 9 月第一版　2023 年 9 月第一次印刷
书　　号：ISBN 978-7-5535-2768-0/J.622
定　　价：255.00 元

关注未读好书

客服咨询

彼得·门德尔桑德（Peter Mendelsund）

世界知名书籍装帧设计师、作家、古典钢琴演奏家。毕业于美国哥伦比亚大学文学与哲学专业，是《大西洋月刊》的创意总监，曾担任美国克诺夫出版社艺术副总监、万神殿书局艺术总监。他操刀的封面有《情人》、卡夫卡作品系列、卡尔维诺作品系列等。

大卫·J.奥尔沃思（David J. Alworth）

哈佛大学肯尼迪学院助理研究员，也是石溪大学（纽约州立大学）的客座全职教授。他目前的研究重点是技术、文化和社会的交叉问题。他教授和撰写关于现当代文学、媒体、艺术和设计的文章。著有《网站阅读：小说、艺术、社会形态》一书，其文章还发表在《洛杉矶书评》以及各种学术期刊上。